朗仔学科普 百科图解

改变人类历史的那些动物

瀚鼎文化工作室◎编著

航空工业出版社

北 京

内 容 提 要

　　在人类进化的漫长历史中，动物们与人类一同分享着这个美丽的家园，更有一些对人类的发展产生了重大影响。本书用简单的语言带你步入昆虫、哺乳动物、鸟类、鱼类、爬行动物、两栖动物和无脊椎动物的世界，介绍每种动物的主要特征，并通过结构图详细说明它们的生物特性、生活方式以及对人类历史的影响。本书适合热爱自然、喜欢动物的广大青少年阅读。

图书在版编目（CIP）数据

　　百科图解改变人类历史的那些动物 ／ 瀚鼎文化工作室编著. —— 北京 ： 航空工业出版社，2016.4（2021.7重印）
　　ISBN 978-7-5165-0997-5

　　Ⅰ . ①百… Ⅱ . ①瀚… Ⅲ . ①动物－图解 Ⅳ . ① Q95−64

　　中国版本图书馆 CIP 数据核字（2016）第 070027 号

百科图解改变人类历史的那些动物
Baike Tujie Gaibian Renlei Lishi de Naxie Dongwu

航空工业出版社出版发行
（北京市朝阳区京顺路5号曙光大厦C座四层　100028）
发行部电话：010-85672663　010-85672683
三河市双升印务有限公司印刷　　　　　　　全国各地新华书店经售
2016 年 4 月第 1 版　　　　　　　　　　　2021 年 7 月第 2 次印刷
开本：710×1000　1/16　　　　　　　　　　字数：204 千字
印张：11.5　　　　　　　　　　　　　　　定价：34.80 元

前 言

自原始人出现后，在数百万年的进化史中，人类经历过无数次重大的考验，如朝代的更迭、社会的变革、无情的灾难、残酷的战争等。伴随着岁月的不断考验，人类文明逐渐变得更加丰富灿烂。

然而，在这个漫长的进程中，人类虽然是万物中最有力的竞争者，却不是唯一，不少动物也曾或多或少地参演了这场漫长的"历史大片"。正是因为它们的存在，人类的历史文化才会更加丰富多彩。

本书精选了数十种极具代表性的动物，以图文并茂的形式向读者一一道来，从多个不同的角度揭秘这些动物伙伴在人类历史中的那些"丰功伟绩"。

动物真的能够在人类社会中造成重大影响么？说起来似乎有些令人难以置信。然而，这些事件在现实世界中是的确存在并发生过的，谁会想到，就连毫不起眼的小虱子也曾在人类历史发展的长卷中兴风作浪。

本书正是致力于深度挖掘那些鲜为人知的动物改变人类历史的史实，以求最大限度地满足读者的好奇心。如果您同样持有怀疑态度，那就请赶紧翻开这本《百科图解改变人类历史的那些动物》一探究竟吧！大量的事实会逐一解开您心中的困惑。

让我们更多地关爱环境，保护好和谐、自然的地球生态环境吧！

目 录 CONTENTS

第二章 ◎鸟类

目 录 CONTENTS

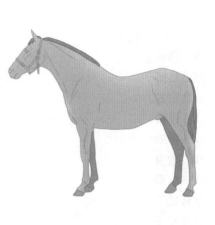

创造历史的人类

创造历史的人类

在人类历史中，其他动物始终是配角，真正起主导作用的还是人类自己。从茹毛饮血的原始社会到科技发达的现代社会，人类用自己的勤劳与智慧，令世界发生了翻天覆地的变化，成为地球的最高统治者。

直立行走

直立行走是人类区别于其他动物的一个重要标志，虽然猴子、猩猩、猫鼬等动物也具备直立行走的能力，但保持时间很短并不能够真正地做到直立行走。

人类采取这样的姿势行走，减少体力消耗，解放了上肢，更便于捕获猎物，有利于在复杂的环境中生存下去。

制作工具

早在旧石器时代人类就已经学会打制石块用于狩猎，至新石器时代便能够磨制石器并制作陶器用于取水盛物。拥有了工具，人类就可以种植庄稼，刀耕火种就是这一时期产生的。与此同时，人类学会了在平日里储存更多的粮食以备不时之需；获取和制作火种，使人类逐渐脱离了茹毛饮血的饮食方式，改吃熟食就大大减少了细菌摄入，使生命得以延长。

在之后的漫长岁月里，人类制作了各种各样的工具，许多发明和手工艺也一直保留至今，成为人类历史上一笔宝贵的财富。中国的四大发明，造纸术、印刷术、火药以及指南针对后世的影响极大，对传播文化、军事防御、环球探险等方面的发展具有促进作用。

明仔科普时间

刀耕火种是新石器时代残留的农业耕作方式，先用石斧砍伐掉地面上的一些植物，待其被阳光晒干以后用火焚烧成灰烬。经火烧过的土地会变得松软，可不用翻地而直接种植农作物，地表的草木灰则可作为肥料滋养种子。

人类采取直立的姿势行走，有利于减少体力消耗，解放了上肢

直立行走是人类区别于其他动物的一个重要标志

3

发明文字

文字的出现让人类更便于交流，易于表达细微的想法与观点，是人类走向创造文明的里程碑。

在人类尚未发明文字以前，通常以结绳或画图的方式记录事物。但这种方式局限性非常大，一些抽象的思维难以清楚地表达。而文字出现以后，情况就大不一样了。人类利用文字记载历史，传播思想，并使医学、军事、科技、农业等领域的知识和技术得以更远地传播，加快了社会发展的进程。

建造房屋

原始人类总是习惯傍水而居，因为水是生命之源，便于获取必要的生活物资。随着人类获取生活资源的方式越来越丰富，就不再特别依赖水源生存，过上了随遇而安的生活。

不同的地区，气候条件和风土人情也各有差异，建造的房屋也各具特色。以中国为例，仅传统居民建筑就有十余种，包括北京的四合院、黄土高原的窑洞、东南地区的碉楼、东北地区的矮屋、西南地区的吊脚楼等。

放眼世界，富丽堂皇的宫殿、气势磅礴的庙宇、庄严气派的教堂比比皆是。人口的不断增长使得建筑从宽度逐步向高度发展，城市里摩天大楼林立，有些甚至让人产生一眼望不到的天的错觉。

使用钱币

在原始社会初期，人类生活物资大多靠自给自足，若缺少什么便通过物物交换的方式获得。然而物物交换多有不便，双方所缺之物通常不易配对，需要几经周折才能完成，而且在价值上也难以做到绝对的公平。

至原始社会末期，人类开始以实物作为一般等价物用于交换。游牧民族通常使用兽皮、牲畜充当一般等价物，农业民族则多为五谷、布帛、海贝等。由于这些物品不易携带与保存，之后便被金、银等贵金属与金属铸造的钱币所取代。但若进行大笔买卖交易，使用贵金属和钱币同样比较麻烦，于是纸币诞生了。现在，商品交易变得更加便利，只需使用一张手掌大的卡片便能轻松搞定。

石器时代人类就已经学会打制石块用于狩猎

百科图解改变人类历史的那些动物

发动战争

即使人类已经处于自然界食物链顶端,过着比其他动物更安逸的生活,但仍然有"不安分"的时候,发动战争就是最典型的表现。然而,发动战争并不是人类一时兴起的行为,阶级矛盾恶化、财富分配不均、政治制度不合理、国家领土受到侵略等问题都有可能成为导火索。

人类历史上最残酷的战争当属第一次世界大战和第二次世界大战,其破坏力简直比地震、海啸等自然灾害还要可怕。无数士兵战死沙场,大批百姓流离失所,房屋建筑在炮火硝烟中轰然倒塌,农田牧场也因此毁于一旦,甚至连原本欢声笑语的村庄也变成了荒无人烟的不毛之地。

除了数不胜数的弊端,战争倒是对重工业、军工业、医疗以及食品加工等领域起到了非常大的推动作用。

现代科技

有时候人类都不得不佩服自己的智慧,如今坐在家中便可洞悉世界的变化,真正地做到秀才不出门,便知天下事。众多现代科技的发明,让人类的生活更加丰富多彩,充满乐趣。周末可以去看一场 3D 电影,感受立体成像的刺激与真实感;想念远方家人可以进行视频通话;出门旅游还可以用数码相机记录途中的点点滴滴。

当然,现代科技远不止这么简单,以上只是冰山一角罢了。人类还有许多更加大胆和冒险的主意,例如修建海底隧道、进行心脏移植手术、发射人造卫星等,就连参观月球也将不再是痴人说梦了。

真不敢想象,未来人类社会究竟会发展成什么样子!

明仔科普时间

·1969 年 7 月 20 日,第一艘载人宇宙飞船"阿波罗 11 号"安全登月,开始了人类首次对外星球的实地探索。

·世界第一台计算机诞生于美国宾夕法尼亚大学,名为"ENIAC"占地面积 170 米^2,重达 30 吨,每秒钟可进行 5000 次运算。

第一章
昆　　虫

001 　胭脂虫

现代社会只要衣服掉色就会被贴上劣质的标签，哪怕它是采用上乘的布料，由高级服装设计师手工缝制的，不掉色几乎成了服饰最基本的品质要求。但在史前时代，没有帮助布料上色的化学药剂，拥有一件不掉色的衣服是非常奢侈的想法，幸而胭脂虫改变了这一切。

高档染料

现在色彩艳丽的服装琳琅满目，但在古代这一切却显得那么遥不可及。当时的染料大多是从天然生物中提取出来的，色彩的稳定性不强，非常容易掉色或变色。

不过，胭脂红染料算是其中的一个特例，以干燥的胭脂虫制成的染料胭脂红不但颜色饱满而且不易褪色。使用胭脂红印染的布料颜色鲜艳，色泽亮丽备受欢迎，就连身居高位的统治者也对其倾心不已。古代统治墨西哥的阿兹特克人，甚至要求周围被征服的城邦将胭脂红作为贡品敬献上来。

垄断贸易

正如古代中国的丝绸和中东的石油一样，墨西哥的胭脂红也因其特殊性形成了垄断贸易。

胭脂虫是一种主要寄生在仙人掌上的昆虫，成虫体内含有大量洋红酸可制成胭脂红染料。在西班牙征服墨西哥后，胭脂红随即传入欧洲并赢得了非常不错的口碑，市场需求量激增。胭脂红染料成了当时炙手可热的"聚宝盆"，西班牙人果断决定在墨西哥扩大生产来满足市场需求。长期以来，墨西哥独占着胭脂红染料的生产"大发横财"，直到19世纪中期，墨西哥的产业霸主地位才逐渐动摇。

以干燥的胭脂虫制成的染料胭脂
红不但颜色饱满而且不易褪色

胭脂虫是一种主要寄生在仙人掌上的昆虫，成虫体内含有大量洋红酸可制
成胭脂红染料

002 蜣螂（1）

乍听蜣螂（qiānglánq）这个名字，似乎有点陌生，其实"屎壳郎"这个你并不陌生的名字指的就是它，一看名字就知道它们跟"屎"脱不了干系。确实如此，它们每天为之不懈奋斗的动力就来源于粪便。蜣螂以采集粪便为生，而且可以通过自身的力量将粪便消灭干净，是自然界中伟大的清洁工。

淘粪先驱

早在人类社会的淘粪工人尚未出现之前，蜣螂便已埋头苦干了这份工作上亿年。它们以哺乳动物的粪便为食，并将粪便作为繁殖后代的粮食储备，被誉为"自然界的清道夫"。

蜣螂在采集粪便时并不会急于将其吃掉，而是尽可能多地将其聚拢滚成一个比身体还大的圆球，然后运回之前挖好的洞穴中掩埋起来。这种的做法不但能够更多地积攒粮食以备不时之需，同时还增加了土壤中的氮含量，起到提升土质的作用。

蜣螂在繁殖期间，它们会将虫卵产在粪球内，将粪球作为孕育虫卵的场所以及营养来源，同时为虫卵发育为成虫提供了一定的安全保障。

对于食物的口味，蜣螂有着不同的喜好，对于自己喜爱的食物非常执着，甚至会采取"守株待兔"的方式静静等候。它们可能会附在哺乳动物的毛皮上，当排泄物"新鲜出炉"的那一刻便毫不犹豫地扑上去，在半空中将其劫走。有些生活在美洲的蜣螂每天早晨都会飞到树木的树冠层，等待树上的猿猴睡醒，当猿猴排便时就立刻行动，与粪便一起从数十米高的空中坠落，然后带着胜利果实回家。

在20世纪60年代，澳大利亚曾出现过非常严重的粪便堆积问题，主要是由大型的哺乳动物造成的。这些堆积如山的粪便掩盖了许多牧场的草地并导致草木枯死。若仅凭人力或机械清理将是一场耗资巨大的工程，过于劳民伤财，于是澳大利亚从国外引进了大量蜣螂用以解决这棘手的问题，效果非常不错，不仅使粪堆逐渐消失，而且还让牧场的草地也恢复了勃勃生机。

蜣螂在采集粪便时会将其聚拢滚成圆球，然后运回之前挖好的洞穴中掩埋起来

002　蜣螂（2）

害虫敌手

蜣螂不仅以自己勤劳的工作为人类创造了更为干净的生活环境，减少了空气中的粪便异味，还从一定程度上抑制了快速繁殖的蝇类害虫。

以上述提到的澳大利亚粪便堆积的问题为例，由于粪便随处可见，为许多以粪便为食的蝇类昆虫提供了丰富的资源，导致其数量飞速增长并一发不可收拾。要不是之后引进了蜣螂，估计这群害虫还会在当地耀武扬威很长一段时间。

神灵化身

很难想象整天和粪球打交道的蜣螂能跟神灵扯上什么关系，但它却是埃及地位最高之神太阳神拉的化身。在埃及，蜣螂被称为圣甲虫，古埃及人认为在浩渺的宇宙中，太阳神幻化的圣甲虫推动地球如滚粪球般运动，地球上才有了太阳东升西落的变化。他们非常崇拜太阳神拉，将圣甲虫作为图腾，视为死亡与复活的象征。

法老，埃及的最高统治者，被视为太阳神拉的化身。当法老逝去的时候，他的身体会被制成木乃伊保存在金字塔中，内脏则全部掏出密封在专门用于保存的罐子里，并在心脏位置放入一只圣甲虫，最终以太阳神拉的守护获得重生。

作为太阳神拉的化身，圣甲虫深深地融入了埃及人民的生活中，神殿雕像、木乃伊的制作、私人印章、护身符等都有它们的身影。甚至在古埃及人创造文字的时候也不曾落下圣甲虫，以其外形创造的象形文字不少被保留至今，成为宝贵的历史文明。

明仔科普时间

澳大利亚为何要从其他国家引进蜣螂？

之前提到的澳大利亚为解决粪便堆积的问题，特意从国外引进蜣螂，但这并不表示澳大利亚本土没有蜣螂这一物种。而是当地的蜣螂大多只倾心于袋鼠的粪便，对牛羊的粪便不屑一顾罢了。

作为太阳神拉的化身，圣甲虫深深地融入了埃及人民的生活中，神殿雕像、木乃伊的制作、私人印章、护身符等都有它们的身影出现

003 ▶ 白蚁（1）

　　在大多数人的心中认为白蚁是破坏大王，就像老鼠和蟑螂一样令人讨厌。它们毁坏房屋、啃食农作物、危害树木，无恶不作。但事实上白蚁并不是一无是处的破坏者，虽然它是一种危害性很大的昆虫，但仍然起到一定的积极作用，例如肥沃土地、净化地表、促进物质循环等。

作物克星

　　白蚁采食的对象非常广泛，无论是活体植物的根茎还是含糖高的干枯植物都能下咽，甚至连各种含纤维素的加工产品也能用于果腹。

　　然而这个"不挑食"的特点对于农业种植而言却是令人烦恼的问题，许多农作物因白蚁的侵害而大幅减产甚至绝收。由于白蚁喜欢啃食植物的根茎，所以从农作物的萌芽期到收获期都可能遭到白蚁的侵害，让人防不胜防。

　　诸如甘蔗、棉花、水稻、小麦、玉米、花生等农作物都是白蚁的危害对象，其中白蚁对旱地甘蔗的危害尤为严重。甘蔗下种后，白蚁从种蔗两端的切口侵入，啃食掉中间的内部组织，令其不能正常发育造成缺株，这就导致种植者必须重新种植。而即使到了成株以后，白蚁仍可以从甘蔗的茎部侵入，沿着茎向上取食。但从甘蔗的外表来看并没有太大的异样，只有经过敲打才能发现，严重时甘蔗只剩下空空的表壳。

　　此外，白蚁对人类主要粮食作物水稻的危害也颇为严重。白蚁啃食水稻的根部以后，被害的稻株会出现叶片发黄的症状，之后稻苗会很快枯死，用手稍微一提就能拔出。

　　除了农作物，白蚁对果树以及丛林树木的危害也不可小觑，很多景区数百上千年的古树就因受到白蚁的危害而毁于一旦。

作物克星：白蚁啃食甘蔗时就好像在执行秘密任务一般，从内部入手，让人从外观上难以察觉，可以通过倾听敲击的声音来判断甘蔗是否受害

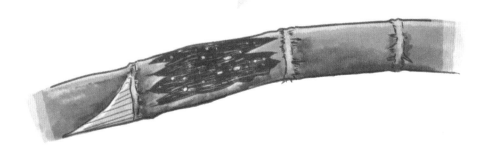

繁殖蚁：繁殖蚁指的是具有繁殖能力的雌蚁和雄蚁，在一定时期通过婚飞的方式进行交配

蚁后：是整个大家族的最高统治者，不用承担任何体力工作，只需负责繁衍后代

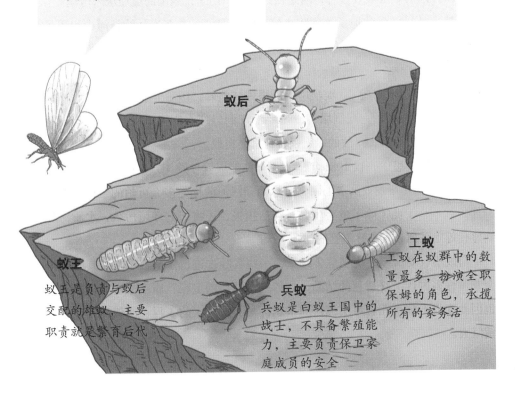

蚁后

蚁王
蚁王是负责与蚁后交配的雄蚁，主要职责就是繁育后代

兵蚁
兵蚁是白蚁王国中的战士，不具备繁殖能力，主要负责保卫家庭成员的安全

工蚁
工蚁在蚁群中的数量最多，扮演全职保姆的角色，承揽所有的家务活

003 白蚁（2）

破坏建筑

《韩非子》书中曾言："千里之堤，溃于蚁穴"，足见白蚁的破坏能力有多强！白蚁对房屋建筑以及江河堤坝的破坏自古有之，其中砖木结构与木质结构的建筑最易受到白蚁破坏。白蚁大多藏身于木质结构的内部，不断啃食过后便容易造成承重点受损，导致房屋坍塌。由于白蚁有着扩散能力强、群体数量多、破坏速度惊人等特点，很容易在短时间内造成巨大的经济损失。

白蚁对江河堤坝的危害也是非常严重的。中国古代就曾出现过因白蚁侵蚀导致堤坝垮塌的案例，即便到了现代也偶有发生，因此消除蚁患一直是防止堤坝出现险情的重要一环。

战国时期的魏国相国白圭因善于筑堤防洪而扬名四方。白圭做事认真负责，经常巡视防洪堤坝，一旦发现缺口，便立马派人修补，哪怕是很小的蚂蚁洞也不放过。这种防微杜渐的做法成效显著，因此在白圭任职期间，魏国的堤坝从未垮塌。

虽然人类早已清楚地了解到防止蚁患的重要性，并在岁月的长河中积累了大量的防患经验，但由于意识上的怠慢而导致江河堤坝因蚁患决堤仍时有发生。

以中国为例，根据有关部门的公开资料显示，在20世纪60年代至80年代间广东曾发生过多次因蚁患而令堤坝垮塌的事件。此外，1973年福建牛豪湾水库垮坝、1985年云南巴马水库主坝倒塌、1986年浙江洞口庙水库失事以及1996年湖北周家嘴长江干堤溃决等重大事故的罪魁祸首也都是白蚁。

在众多的灾患中，仅1981年广东漠阳江溃堤就导致4万多亩农田被淹、上万间房屋被冲毁、20万人被洪水围困，可想而知江河溃堤是多么可怕的事情。然而事件的代价远不止于此，除了危害生命、财产损失，还将引起环境污染、水质污染、疾病盛行等一系列令人头疼不已的问题。

白蚁不仅对房屋、堤坝危害严重，一些名胜古迹也惨遭毒手，被其毁坏得面目全非。许多古代工匠智慧的结晶，如传统木结构的宝殿、庙宇、塔、神像、神龛等也因此变得千疮百孔。每次翻修和重建都是一项巨大的工程，动辄几百上千万，开销巨大。

白蚁在中国的分布图（红色板块为集中分布区域）

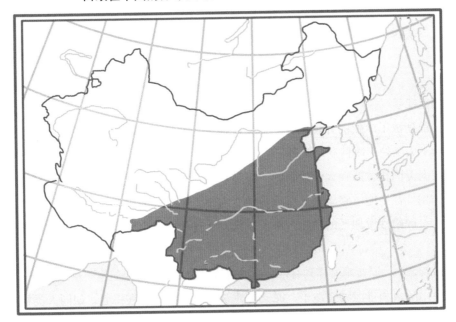

白蚁的扩散能力很强，繁殖速度快，很容易在短时间内对建筑造成威胁

白蚁（3）

肥土能手

之前列数了白蚁的种种罪行，感觉这种生物就是十恶不赦的破坏大王。但是白蚁并非一无是处，而且益处颇多。

根据美国普林斯顿大学最新的研究显示，白蚁巢对阻止沙漠扩大化起到非常重要的作用，甚至能够将干旱土壤逐步转变为半干旱土壤或农业用地。它们的到来如同雨水一般给沙漠地区的植物带来了生机，让这些原本十分贫瘠的土地重新焕发活力。

白蚁是一种同蜜蜂一样具有社会性的群居昆虫，而且善于筑巢。在建造蚁穴时，它们会用唾液和排泄物将沙子、泥土等建筑材料牢牢地黏在一起，如同人类社会的混凝土一般。白蚁巢建成后，能够使水分更好地渗透在土壤中，有利于周围植被的生长，同时对改善土质起到了十分明显的作用。在非洲、南美洲以及亚洲的辽阔草原上，白蚁在此建筑巢穴可以有效地抑制土地沙漠化，同时对维持干旱区域的生态系统做出了突出贡献。在气候环境较差的地区，白蚁丘周围的植物存活的时间往往更长，即便植物在气候极其恶劣的时候消失，在这里重新生根发芽也相对容易很多。

奇特景观

相对于白蚁建造了比自身高出千倍的白蚁巢而言，人类筑成的高楼大厦便不值一提了。它们是动物界名声显赫的建筑师，利用仅仅6毫米左右的瘦小身躯便可以建造出最高达数米的白蚁巢。

白蚁在建造巢穴时非常讲究，会设计具有不同功能的"房间"，如可供休息的"卧室"、用于囤积食物的"储物间"等，而且房间之间都有通道连接，更有意思的是它们还颇具智慧地建造了通风系统，整个白蚁巢的内部四通八达，非常有特色。此外，白蚁巢的顶端会一直保持锯齿状，即便之后增建也是如此。这是为了能够吸收早晨温暖的阳光，避开正午炎炎的烈日而精心设计的。

白蚁的生长与分类图

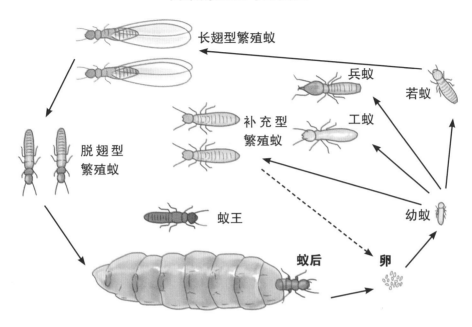

长翅型繁殖蚁

兵蚁

若蚁

补充型
繁殖蚁

工蚁

脱翅型
繁殖蚁

幼蚁

蚁王

蚁后

卵

鸡枞菌与白蚁是共生的关系，哪里有鸡枞菌哪里就有白蚁

白蚁巢穴可作为旅游景观

19

004 ▶ 果蝇（1）

果蝇是一种看上去非常邋遢（lā·ta）的昆虫，它们一点也不讲究卫生，对腐烂的水果和蔬菜尤为喜爱，经常在厨房和客厅进进出出，令人厌烦。如果把果蝇放到显微镜下观看，它那满身密密麻麻的细茸毛简直让人恶心。然而，果蝇和人类的基因颇为相似，它也被广泛运用于人类的生理学研究。

破解谜团

在生物学家着手研究人类遗传学的初期，面临最大的问题就是难以找到合适的研究目标。若将人类自身作为研究目标，起码经历数个世纪才会出现成果。因为正常情况下人类在子宫里就需要待上9个多月的时间，之后要经过十几年才能发育成熟，而繁育后代往往还再要几年。

对于科学研究而言，这样的等待实在有点太漫长了。于是科学家们试着以小鼠、鸽子等繁殖速度更快一些的动物作为研究目标，但效果仍旧不是很理想。经过不断探索，果蝇最终成了实验室的香饽饽。

果蝇不仅体型较小、容易饲养，而且繁殖迅速、成本低廉。一个简易的玻璃瓶，放上一些捣烂的水果就可以养活成百上千只果蝇。只要温度适宜，果蝇最快可以在一周左右的时间便繁育出下一代，而且一只雌果蝇一代能繁殖数百只。就此推算，数月便可繁殖出十几个世代的果蝇了。

科学家摩尔根通过对果蝇进行研究，最终探知到关于遗传的许多秘密，肯定了孟德尔的遗传定律以及达尔文的进化论，为之后的科学研究提供了明确的方向。

明仔科普时间

达尔文在进化论中指出：所有物种生物体的起源和发展都是通过小的、遗传变异的自然选择来增加个体的能力，来竞争、生存和再生。

果蝇的头部构造

1—髓质　　2—蘑菇体　　3—中央复合体　　4—小叶　　5—小叶板
6—薄板　　7—触角　　8—触角小叶　　9—复眼

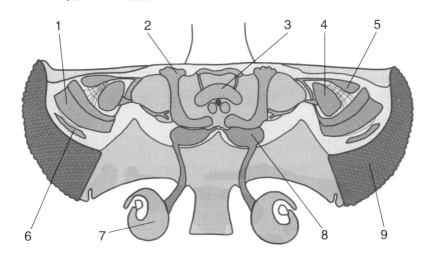

果蝇与苍蝇是近亲，外表比较接近，但体型较小

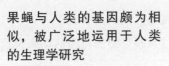

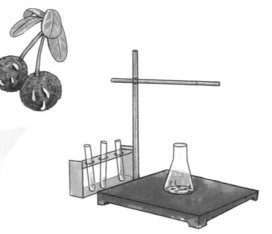

果蝇与人类的基因颇为相似，被广泛地运用于人类的生理学研究

果蝇（2）

医疗助手

蝇类在幼虫时期是一种通过蠕动行走的小虫子即蝇蛆，也就是人们常说的蛆虫。蝇蛆的食腐能力很强，科学界利用这一特性，将其发展成为有生命的医学设备，对治疗伤口腐烂效果显著。

蝇蛆天生喜欢腐烂的东西，将其撒在患者的伤口时，它们能够快速地吞噬伤口的病菌和坏死的组织，促进伤口愈合，防止细菌感染。更有意思的是它们对完好的肌肉与组织几乎没有兴趣，所以不会对患者造成二次伤害。唯一美中不足的就是在没有注射麻醉剂的情况下，采用这种方式治疗会令患者感到奇痒无比。

优质饲料

蝇蛆不仅可以帮助治病，也是一种高蛋白质的饲料。以蝇蛆为原料磨成的蝇蛆粉，其营养价值远远高出豆饼和骨肉粉，足以同最好的进口秘鲁鱼粉相媲美。

如果以同等重量的蝇蛆粉和秘鲁鱼粉分别添加在两只小猪的食物中，蝇蛆粉喂养的小猪要比秘鲁鱼粉喂养的小猪增重更多。而且蝇蛆粉比秘鲁鱼粉更廉价，有利于养殖者控制饲养成本。

测毒能手

任何一种能够在地球上存活3亿多年的生物都会有着特殊本领，果蝇亦是如此。

在生物圈不断演化的过程中，动植物为了生存，都会拥有相应的防御技能。一些植物为防止动物进食它们的树叶与枝干，会释放出苦味或者是有毒的化学物质。神奇的是果蝇却从来不会中招。科学家在2009年找到了答案，原来果蝇的舌头上具有一种对化学物质十分敏感的味觉感受器，让其能够"幸免于难"。

现代社会人类在进行房屋装修时，很多家具装饰材料也会释放出有毒的气体，但人类无法感知。而果蝇以对空气质量的敏感程度远比人类高得多，一旦室内空气污染严重，果蝇就会产生异常表现，人们可以通过观察果蝇的行为活动来大致测验室内的空气质量。

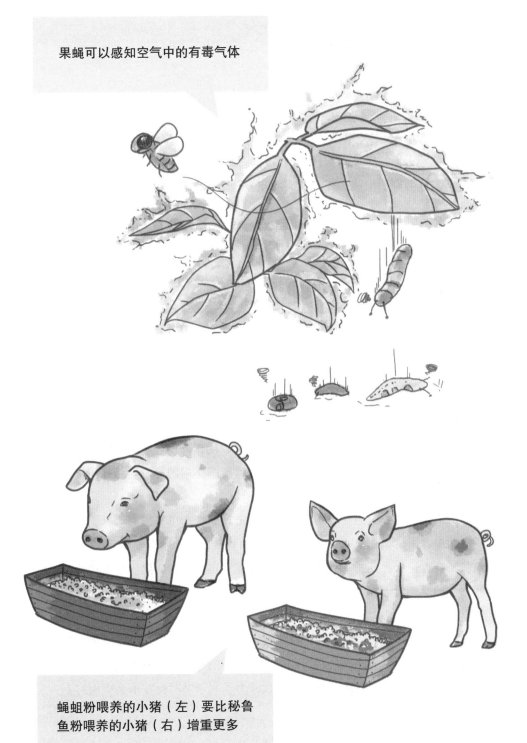

果蝇可以感知空气中的有毒气体

蝇蛆粉喂养的小猪（左）要比秘鲁
鱼粉喂养的小猪（右）增重更多

005 ▶ 蜜蜂（1）

蜜蜂白天采蜜，晚上酿蜜，同时还要兼顾为花果树木完成授粉的任务，这样昼夜不停地辛勤工作，堪称是动物界的劳模。蜜蜂不同于大部分喜欢独处的昆虫，它们过着社会性的群居生活，各尽其能地守护整个大家庭，为家族的繁荣贡献自己的力量。

完美造物

提到蜜蜂，还真是不得不为它竖起大拇指，它既是技术高超的建筑师，也是勤劳的造物者。

蜂蜜、蜂王浆、蜂蜡、蜂胶以及蜂毒等物质都是由蜜蜂生产出来的，这些均对人类社会产生了不小的影响。

蜂蜜是人们最为熟悉的滋补品之一，由蜜蜂采集花粉酿制而成，含有多种有机酸和有益人体健康的微量元素。在人类还没有提炼出砂糖以前，蜂蜜是为数不多的食物甜味剂。除了食用，蜂蜜还被运用于医疗领域，许多治疗咳嗽与感冒的药物中都掺有蜂蜜。而且人类在防止伤口感染时也可以用到蜂蜜，它具有防腐败与抗菌的特性可以对伤口起到一定的保护作用。此外，蜜蜂体内的蜂毒对治疗风湿、神经炎等病症有一定疗效。

蜂王浆是比蜂蜜更为高级的营养品，在蜜蜂的社会里只提供给蜂王和即将成为蜂王的幼虫食用，非常珍贵。这种超级补品可以让幼虫原本需要21天才能结束的结蛹过程缩短近一个星期，并且能够促使生殖器官迅速发育成熟。更为神奇的是以蜂王浆为食的蜂王能够存活3至5年，而普通工蜂的平均寿命仅仅数周而已，即便到了冬季也不过数月之久。

蜂蜡和蜂胶都是轻工业原料，被广泛运用于产品制造中。以蜂蜡为主要原料可以制造各种类型的蜡烛，而且在医药工业中，可用于制造牙科铸造蜡、基托蜡、黏蜡以及药丸的外壳等多方面。在罗马时代，为了利于书写会在木头桌面打上一层薄薄的蜂蜡。

蜂蜜是人们最为熟悉的滋补品之一，由蜜蜂采集花粉酿制而成

005 **蜜蜂**（2）

蜂蜡封印

利用融化的蜂蜡封印的文件能够确认其可信性，直到现在还被许多国家运用于正式的官方文件上。这是一种防范信件或物件被拆开的封缄形式，对增强通信保密有着十分重要的意义。

随着时代的发展，纸张逐渐代替了羊皮纸，而蜂蜡则被火漆取而代之。火漆一般为红色，但人们可以根据自己的喜好要求制成不同颜色。然而，在法国火漆的颜色则用于区分信件的内容，红漆为官方文件，棕漆为赴宴邀请，白漆为婚嫁喜庆。

夺命蜂刺

胡峰，又称杀人峰，一听这个名字就感觉带着不少恐怖气息，但其实它并没有那么可怕。这一蜂种是由非洲的普通蜜蜂和丛林里的野蜂交配之后繁育的新品种，属于肉食性动物，对人畜可以产生较大的伤害，比一般的蜜蜂凶残许多。

从20世纪90年代开始，就传出了杀人蜂将大举入侵美国带来巨大破坏与死亡的言论。但最后发现这仅仅是个笑话，因为由杀人蜂造成的意外死亡每年只不过一两例而已。

对于普通的蜜蜂而言，不到万不得已它们是绝不会对人类展开攻击，毕竟搭上自己的性命并不划算。这是因为蜜蜂的蜂刺是带钩的，一旦扎入人体皮肤后就会将连着蜂刺的毒液囊和内脏全部拉扯出来，从而导致其在短短几分钟之内便死去。只有蜂群中的蜂王是个例外，它的蜂刺是唯一不带钩的，因此可以随意蜇人且不用担心为此殒命。

被蜜蜂蜇伤的处理办法

·不幸被蜜蜂蜇伤后，应观察毒针是否扎进皮肤里，若有残留则需尽快将其取出。

·使用冰块敷在被蜜蜂蜇伤的部位，可有效减轻疼痛。

·若被蜜蜂蜇伤后产生过敏现象或其他严重不适症状，应立即就医治疗。

明仔科普时间

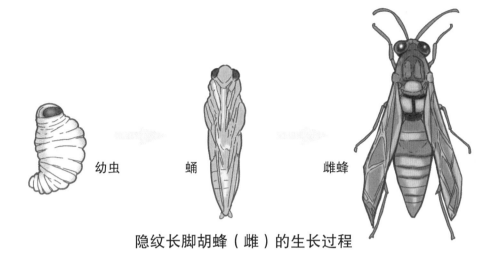

幼虫　　　　蛹　　　　　　雌蜂

隐纹长脚胡蜂（雌）的生长过程

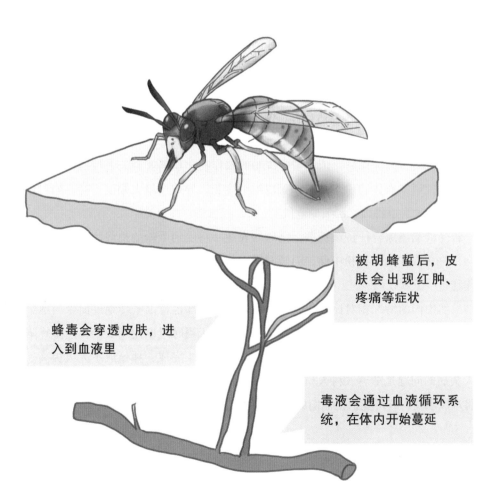

被胡蜂蜇后，皮肤会出现红肿、疼痛等症状

蜂毒会穿透皮肤，进入到血液里

毒液会通过血液循环系统，在体内开始蔓延

005 　蜜蜂（3）

授粉达人

蜜蜂对人类社会所做出的贡献不仅仅在于生产蜂蜜和蜂蜡，更重要是帮助许多经济作物完成了授粉任务。

由于世界上多数经济作物依赖蜜蜂授粉，因此蜜蜂的数量将直接影响到农作物的产量，若蜂群集体消亡将给人类的农作物生产带来灾难性的后果。

在过去的几年里，世界各地都出现了蜂巢内大批工蜂突然消失的现象，也就是所谓的蜂群崩溃综合征。

以加拿大为例，在 2007 年尼亚加拉瀑布地区数以百万计的蜜蜂突然消失或死亡，当地 80%~90% 的蜂农都损失惨重。同样的事件在美国以及欧洲各地也曾先后发生过。

出现这样的情况，无疑是非常可怕的。单是英国，每年就有上亿元的农作物和草料是通过蜜蜂传播花粉繁殖下一代的，而美国则有约三分之一的农作物需要依赖蜜蜂授粉才能结出果实，包括：杏、桃、大豆、苹果、啤梨、樱桃、草莓以及各种瓜类。

当大批的蜜蜂失踪后，依赖蜜蜂授粉的农作物和草料就会失去传播花粉的重要途径。长此以往农作物以及草料便难以继续生长，导致产量大幅度下降，同时以草料为喂养的家畜也将面临巨大的危机。

若蜂群崩溃综合征持续扩散，全球的农业必将受到严峻的挑战。蜜蜂的突然消失会令许多农作物的授粉中断，而短时间内很又难找到合适的昆虫代替，如此一来农作物将严重歉收。

虽然中国的情况相对比较乐观，但在四川省南部也曾因蜜蜂绝迹而令当地梨业受到极大影响，造成一定程度上的经济损失。由于当时过度使用农药，使蜜蜂陷入生存困境直至消失，导致梨树的授粉工作只能由人工完成，种植成本大大提高。更令人头痛的问题是随着农村人口不断迁往城市，人工授粉的成本越来越高，许多农户将难以承受，有可能迫使他们放弃继续种植。

不同蜂种体型大小对比

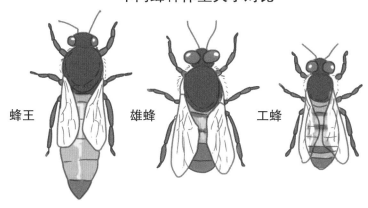

蜂王　　　　　　　雄蜂　　　　　　工蜂

人工养殖蜜蜂可以帮助农作物
更好地完成授粉

005 ▶ **蜜蜂**（4）

神秘消失

蜂群崩溃综合征是近代开始出现而至今原因不明的一种自然现象，表现为蜂群内大批工蜂突然消失，只剩下没孵化的蜂卵和蜂后。

虽然目前还没有确切的说法可以解释这一现象，但根据推测可能是由蜜蜂的疾病、农药病原体、虫螨或真菌感染、气候变化、电磁波辐射等原因以及人类为了授粉而将蜂巢远距离迁移所致。

由于蜜蜂在农作物的生长过程中，承担着意义非凡的授粉工作，一旦出现蜂群崩溃综合征将给农业生产带来沉重的打击。

蜜蜂养殖

为了能够充分利用蜜蜂授粉和酿蜜等功能，人类还将它们大规模地饲养起来，发展起了养蜂业。专业养殖蜜蜂的人会为蜜蜂建造特殊的住所，也就是蜂箱。蜂箱里面是类似抽屉一样的结构，可以在不伤害蜂卵、幼虫以及蜂蛹的情况下，一层层取出来检查蜜蜂的生活情况。这种设计最大的好处在于更易取得蜂蜜和蜂蜡，而且不会毁坏蜜蜂的巢穴。

自然界中当蜂群中有新的蜂王诞生后，上一任蜂王就会率领一小部分蜜蜂带走一些蜂蜜从此另立门户，而将多数蜂蜜留给新蜂王，这种行为被称之为"分蜂"。而蜜蜂养殖行业为了扩大生产，增加蜂群数量，通常会在合适的时候进行人工分蜂，避免因自然分蜂而造成蜂群离去的损失。

明仔科普时间

真假蜂蜜的鉴别方法

·真蜂蜜比较黏稠，挑起呈细长的丝状。假蜂蜜有悬浮物或沉淀，黏度小，挑起时呈滴状下落。

·仔细查看产品标签，若配料为蔗糖、白糖、果葡糖浆等则不是真正的蜂蜜，蜂蜜的标签只会细致标明由何种花酿制而成或直接标明为纯蜂蜜。

人类大规模地饲养蜜蜂，可以更加充分地利用蜜蜂的授粉和酿蜜等功能

提取蜂王浆

006 ## 蝗虫（1）

自然界中的农业害虫多不胜数，而蝗虫是其中最可怕也是最难以防范的一种。当它们各自安分的散居时，常被人类视作玩物，在田间与其追逐嬉戏，一旦它们联合起来掠夺粮食，那便是人类的厄梦，被蝗虫集体洗劫过的稻田犹如被机器收割过一般，颗粒不剩。

颗粒无收

列举蝗虫的斑斑劣迹，简直到了令人发指的地步。尤其是沙漠蝗虫，在大肆搜刮粮食之后甚至连草木都不放过，也许正应验了那句老话："穷山恶水出刁民"。

沙漠蝗虫主要分布于非洲的大部分地区，通常情况下受到地理环境的限制，种群数量并不会对人类产生不利影响。而当雨季来临的时候，情况就会大不一样，丰富的雨水浇灌着大地，草木生长繁茂，此时蝗虫们仗着食物充足，便疯狂地繁衍后代，造成数量短时间内暴增。但数量暴增并不是最令人头疼的问题，重点是这群小家伙在碰面的时候居然会密谋进行集体打劫活动，蝗灾也就由此产生了。

就蝗虫的本性而言，它们并不喜欢像蜜蜂那样成群结队地生活，而是各自守着一亩三分地过着独善其身的小日子。然而，当雨季过后，数量暴增导致蝗虫原本的生活节奏被打乱了，大量幼虫在进食期间不可避免地产生近距离的接触，后腿的相互碰撞将传达出集体活动的信息，之后便很快达成结盟的共识并积极地为此做准备工作。

想象一下它们对话的内容，可能是这样子的：

蝗虫 A："快到粮食丰收的季节了，要不哥儿几个溜达溜达，顺便整点吃的？"

蝗虫 B："行呀，我再去叫些兄弟，准备妥当就出发。"

蝗虫 A："太好了！就等你这句话，马上组队，咱们一块儿吃饭去！"

蝗虫的生理构造

1—触角　2—单眼　3—复眼　4—头部　5—口器　6—前足　7—胸部　8—中足
9—听觉器官　10—腹部　11—后足　12—后翅　13—气门　14—产卵器

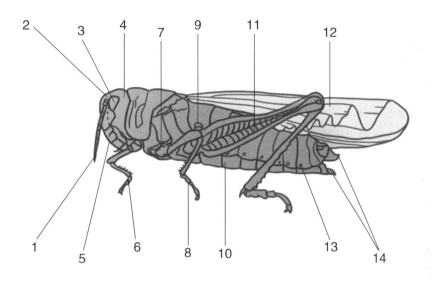

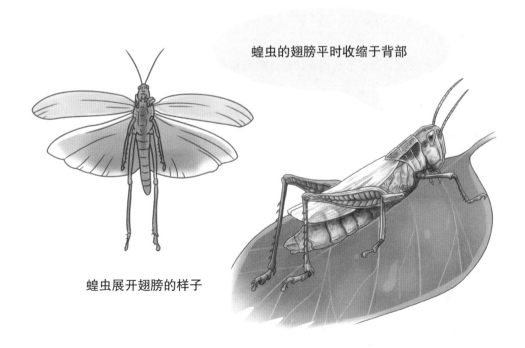

蝗虫的翅膀平时收缩于背部

蝗虫展开翅膀的样子

006 蝗虫（2）

当一切准备就绪，人类的厄梦也就此开始了。蝗虫群一天内可以移动上百千米，不仅密度较大而且覆盖面积广，经过时犹如乌云罩顶。被这群土匪光顾过的农田几乎都落得颗粒无收的下场，导致当地经济损失惨重。以近年来非常严重的一次蝗灾为例，从2003年秋季持续至2005年夏季，蝗灾不但给西非造成高达20多亿美元的经济损失，更造成当地多个地区粮食短缺，人们食不果腹。

促进水利

《孟子》一书中曾言："生于忧患，死于安乐"，各种灾难或许正是上天对人类的考验，蝗灾的爆发虽然严重影响农业生产，但从客观上却对水利工程的建设起到了促进作用。

由于蝗灾爆发的时候，哪怕及时采取了应对措施也很难抑制，所以只有防患于未然才能从根本解决问题。蝗灾经常与旱涝灾害交替而至，兴修水利可降低发生旱涝灾害的概率，同时植树造林也是至关重要的一部分。

特色美味

现代社会的生活质量不断提高，整日鸡鸭鱼肉已经不能满足人类的口腹之欲了，不少"野味"被搬上了餐桌，蝗虫也名列其中。在中国的香港称蝗虫为"飞虾"，因其又名为飞蝗且肉质鲜美如虾而得名。烹饪蝗虫一般多以油炸为主，丰富的营养加上香脆的口感备受大众欢迎。还有一些另类的做法，比如制成罐头、饼干、棒棒糖、雪糕等，同样十分畅销。

明仔科普时间

· 蝗虫的听觉器官生长于腹部第一节的两侧，为半月形的薄膜。（在蝗虫的生理构造图中有明确标示）

· 蝗虫属于不完全变态昆虫，幼虫与成虫的外形十分相似，最大的区别是幼虫没有翅膀。

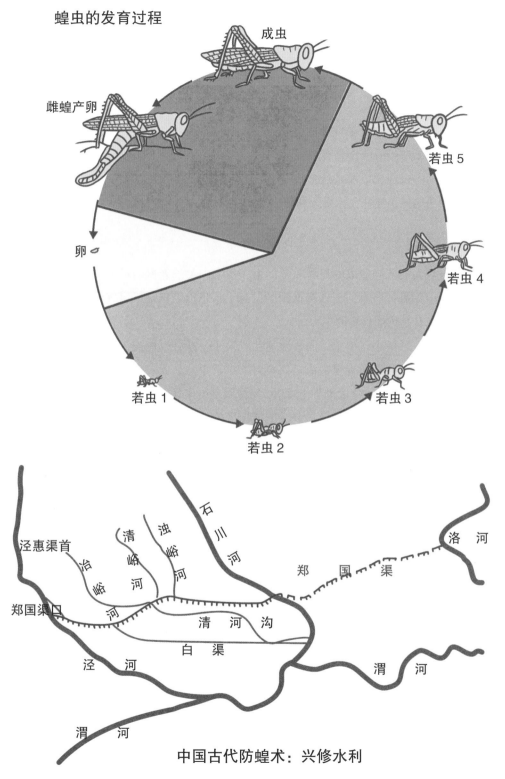

蝗虫的发育过程

成虫

雌蝗产卵

卵

若虫1

若虫2

若虫3

若虫4

若虫5

中国古代防蝗术：兴修水利

007 ▶ # 跳蚤

以自身长度作为衡量标准的话，跳蚤绝对是跳高和跳远比赛中技压群雄的绝世高手。它们的两条后腿强壮有力，能轻松地跳到20多厘米的高度，相当于自身长度的300多倍。按理说以跳蚤这样瘦小的身躯是不可能在人类历史上兴风作浪的，但它们却成功地将人类社会搅得天翻地覆。

狼狈为奸

鼠疫对人类社会造成的伤害非常严重，本书中关于老鼠的章节里明确地讲述了这一点。但如果把所有的责任都推到老鼠身上，恐怕老鼠是不服气的，毕竟跳蚤也参与了，而且是传播疾病的主力。

跳蚤是一种微小寄生虫，同繁殖期的雌蚊子一样，以血液为食。当寄生在患病老鼠身上的跳蚤吸食了老鼠血液之后再对人类下手，如此一来就将鼠疫病毒传染给了人类。跳蚤以庞大的数量优势作后盾，使得鼠疫火速蔓延开来，覆盖面积越来越广。

从某种程度上说，老鼠只是造成鼠疫爆发的导火索，而跳蚤就是隐藏在导火索后面的炸药，杀伤力更为强大。因鼠疫爆发而导致的人口死亡、战争失利、政权动荡等一系列事件，跳蚤都脱不了干系。

皮肤不适

跳蚤的生命力非常旺盛，成虫数月不进食都能存活。它们寄生的对象非常广泛，只要是有皮毛的动物都可以成为宿主，甚至连没有生命的地毯也能成为它们繁衍的温床。

人类被跳蚤咬过之后，很容易患上皮肤病，尤其是在夏季，感染季节性湿疹的可能性很大。它们在吸食人血的同时还可能将粪便排泄在人类的皮肤上，而被咬过的部分通常瘙痒难忍，若动手抓挠则可能将其粪便中的细菌和病毒带入细微的伤口里，导致人类患上其他一些疾病甚至是鼠疫。

跳蚤的生长过程

成年跳蚤

蛹

卵

若虫

跳蚤的传播途径之一

寄生　　　　　传播细菌

寄生于狗身上的跳蚤

008 蚊子（1）

简直不敢相信，世界上最致命的动物不是凶猛的狮子，也不是残暴的鲨鱼，而是毫不起眼的蚊子，每年因它丧命的人超过70万。这个讨厌的家伙似乎已经成为了人类挥之不去的厄梦，尤其是夜间在耳边"嗡嗡"的声音令人难以入睡，真恨不得一掌结束它的性命。

死神降临

就发达国家而言，蚊子充其量不过是个让人厌恶的虫子，顶多在人们光滑的肌肤上留下红肿的印记，吸取一些血液而已；但对于欠发达的一些非洲国家和地区来说，蚊子则可能给人带来恐惧，预示着死亡的来临。

恶性疟原虫是疟疾的主要感染病原，撒哈拉沙漠南部的非洲地区80%的疟疾都是因它感染的，成千上万的人因此丧命，而蚊子就是那个助纣为虐的坏家伙。虽然疟原虫可以使人类患上疟疾，但却不会对蚊子造成任何伤害。

成蚊在吸入疟疾患者的血液的时候会将疟原虫一同吸入体内，之后疟原虫会在其体内进行交配并产出孢子（即疟原虫卵），疟原虫生命周期的第一个阶段就此开始。

在蚊子体内的疟原虫卵会从其消化道移动至唾腺，当蚊子叮咬下一个人时，虫卵就会通过唾腺随着蚊子插进人体的口器涌入人体的血液中。

血液中的虫卵会逐渐移动到人类的肝脏中暂时定居下来，感染肝脏细胞然后大量繁殖并破坏肝脏细胞，最后对受损的肝细胞弃之如履，再度回到人体的血液循环中。

在血液中的这段时间，它们会接着感染红细胞，继续增殖并发育成不同性别的虫体。此时蚊子吸食病人血液就会将这些虫体一并吸入体内，之后在蚊子的消化道中交配产生下一代，如此循环往复维持生命。

疟蚊是疟疾的主要传染源，在非洲，每5秒钟就会有一个低龄的孩童因为感染疟疾死亡，可想而知蚊子在当地有多么可怕了。

除了疟疾，蚊子还是登革热、黄热病、丝虫病、日本脑炎等众多病原体的中间宿主，因此非常惹人讨厌。

蚊子的内部构造

1—咽　2—食道　3—唾腺管　4—背支囊　5—唾腺　6—胃（中肠）　7—腹支囊
8—马氏管　9—卵巢　10—后肠　11—直肠　12—受精囊　13—生殖孔　14—肛门

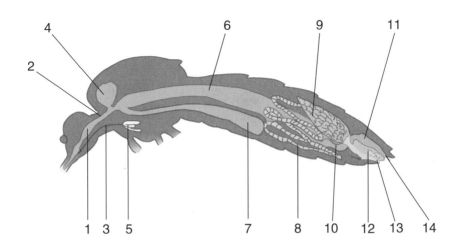

蚊子的生长过程

成虫

1~3 天

虫卵

蜕变

1~2 天

5~7 天

幼虫

008 > # 蚊子（2）

孕妇厄梦

从 2015 年至 2016 年初，巴西出现了数以千计感染寨卡病毒的孕妇分娩出小头畸形儿的案例。这些新生儿的头围明显小于正常婴儿，且面部较短，后脑勺更为扁平。虽然过去也曾出现过这样的情况，但比例远远低于近两年，这让人不得不怀疑寨卡病毒与新生儿小头畸形有关。不过，到目前为止，尚没有确切的证据表明这两者之间存在必然联系。但有一点可以肯定，寨卡病毒是由蚊子传播的一种病毒，染病之后容易出现低热、关节疼痛、结膜炎等多种不良症状。

受此病毒的影响，不少国家甚至建议女性推迟怀孕并加大力度普及寨卡病毒的危害性。

手下留情

美国马萨诸塞州医学协会所出版的《新英格兰医学期刊》是目前全世界最受欢迎、连续出版时间最久的医学期刊。期刊中曾发表过这样一篇报道：美国宾夕法尼亚州一名 57 岁的妇女因拍死了一只正在叮咬自己的蚊子不幸身亡，死因是肌肉受到小孢子虫属真菌的感染。据研究人员推测，这次感染是由该妇女将蚊子拍死在皮肤上时，被打烂的蚊子尸体残骸进入皮肤所致。

基于《新英格兰医学期刊》在社会上的名望，这一事例瞬间就引起了广泛关注，并展开了热烈的讨论，甚至有人因此对蚊子产生恐惧。事实上，这种案例是极为罕见的，发病的原因也需要考虑到病毒的毒力与数量以及人体自身的抵抗等多方面。

明仔科普时间

蚊子是否都以血为食？

并不是所有的蚊子都需要靠吸血维生，成年的雄蚊子完全可以通过吸取花蜜和食物果实填饱肚子，只有雌蚊子因卵巢发育的需要才会吸食血液。

蚊子主要传播的疾病

| 乙型脑炎 | 登革热 | 丝虫病 | 疟疾 |

乙型脑炎症状：高热、头痛、恶心、呕吐，甚至呼吸衰竭至死等
登革热症状：高热，头痛，肌肉、骨关节剧烈酸痛，白细胞减少等
丝虫病症状：发热、过敏、淋巴管炎等
疟疾症状：寒战、高热、出汗、贫血和脾脏肿大等

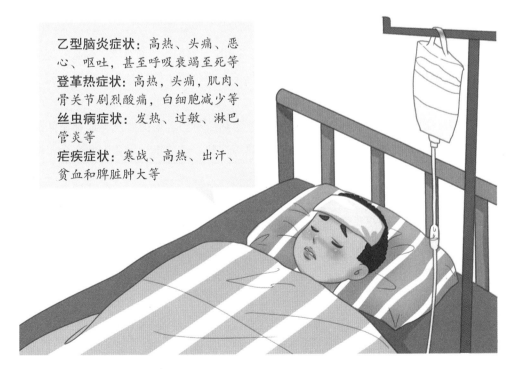

009 　虱子

在 21 世纪谈论虱子貌似有些过时，它们似乎从人类社会销声匿迹了。现在人类卫生意识的增强，让虱子几乎无处藏身，就连宠物身上都很难见到了。但在过去，它们可没少给人类惹麻烦，整得大伙儿不能安生，全身瘙痒还算是小事，但有时甚至会传播致命的病毒，酿成惨痛的祸患。

削发为"尼"

虱子是一种繁殖能力非常强的寄生虫，经常寄生于动物的皮毛之中，人类也是它们的宿主之一。虱子一般藏匿于人类的头发或皮肤，以吸取人类的血液为生。当它们在人类的头皮上肆无忌惮地钻来钻去，会令人难以忍受。16 世纪的欧洲人为了避免遭罪，纷纷剪短甚至剃光头发戴假发生活，但这仅仅是上层社会人士的专利，毕竟普通的平民消费不起假发这样的奢侈品，他们能做的大概只有剃光头发或是用篦子梳理头发。

置于死地

如果虱子干的坏事只是迫使人类剪短头发而已，那根本不算什么，没必要深究，但在战争中传播瘟疫，害人致死就不得不提了。战争原本就已经非常残酷，而虱子却在这个时候落井下石，简直太不厚道了。

在第一次世界大战期间，虱子传播的战壕热令英国、德国以及奥地利军队的许多士兵都出现剧烈的头痛、肌肉疼痛、发热等症状。虽然士兵不会因此丧命，但等待抗生素救援的过程无疑是痛不欲生的。

虱子还能够传播流行性斑疹伤寒，虽然症状跟战壕热有许多相似之处，但战壕热跟它比起来就是小巫见大巫了。至少在抗病毒疫苗没有被研发出来之前，它已经成功夺走了全球数百万人的性命。

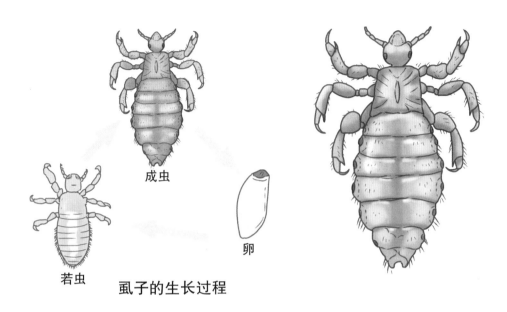

成虫

卵

若虫

虱子的生长过程

虱子是一种繁殖能力非常强的寄生虫，经常寄生于动物的皮毛之中，人类也是它们的宿主之一

头上有虱子时可以将头发剪短，减少虱子的繁殖场地

010 蚕（1）

蚕所吐出的蚕丝是丝绸产品的主要原料，在人类经济生活以及文化历史中占据重要地位。四大文明古国之一的中国是最先掌握制造蚕丝技术的，以蚕丝加以纺织可形成丝绸。而丝绸以其极致的柔软与特有的光泽令许多国家为之疯狂，尤其是几个世纪以前的罗马帝国。

嫘祖养蚕

在中国上古的传说中，黄帝的妻子嫘祖最先开始养蚕，并发明了蚕丝纺织技术。由于嫘祖为国家做出了突出贡献，后人为纪念她的功绩，便将其奉为"先蚕"。

虽然这是一个非常美好的传说，但不足以证明事实就是如此。至于丝绸究竟是何时发明的至今都存在着争议。不过有一点可以肯定，那就是丝绸起码已经出现 5000 多年了。1985 年，考古学家在山东省泰安市大汶口遗址中发现了大汶口文化时期的丝绸织品。

富国强民

在任何时期，一个国家的经济发达程度都是衡量该国综合实力的重要因素，而丝绸的出现给古代中国带来的经济效益是不容小觑的。

中国是世界上最早饲养家蚕和缫（sāo）丝织绸的国家，在商代就已形成一定规模，当时的统治者十分关注桑蚕经济的发展，其重视程度不亚于粮食，至唐代达到鼎盛时期，丝绸成了举世瞩目的珍宝。

起初中国对于蚕丝纺织技术采取严密保护的政策，对丝绸制造业和养蚕技术都管理得非常严格，禁止其流向国外。凭借这一优势，中国得以垄断蚕丝制造业与贸易长达 3000 年以上。直到公元 6 世纪蚕丝纺织技术才逐渐传入西方，因此除了亚洲以外的古代人对此知之甚少。即使是热爱消费丝绸衣物的罗马人也不知道其中的奥秘，他们还误以为蚕丝是一种如同棉花般的植物纤维，根本想象不到这是蚕的杰作。

在养蚕纺丝技术尚未从中国流传出去之时，丝绸一直是中国独产的"奢侈品"。它经常被作为赏赐赠予对国家有贡献的功臣以及周边诚服的小国，从一定程度上起到了稳定国家政局避免周边战事的作用。

蚕的身体构造

1—头部　2—胸足　3—胸部　4—气孔　5—腹部　6—腹足　7—尾角　8—尾足

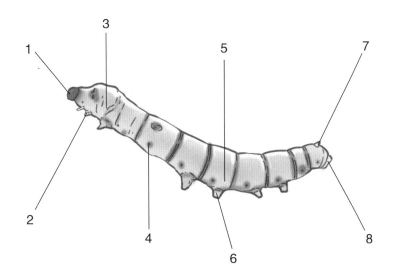

蚕以桑叶为食，在结茧期间会不吃不喝持续几十小时不停吐丝

010 ▶ **蚕（2）**

丝绸之路

　　丝绸之路是起始于古代中国，连接亚洲、非洲以及欧洲的一条商业贸易路线，贯穿了古代中国、阿富汗、印度、伊朗、伊拉克、叙利亚、土耳其等国家，并通过地中海到达罗马。广义上又可细分为陆上丝绸之路和海上丝绸之路，是以中国的丝织品为主要商品的贸易通道。

　　丝绸之路上的贸易在很长一段时间都相当活跃，世界各国的商品汇聚于此，包括粮食以及各种瓜果蔬菜、器皿、美酒、贵金属、宝石等，种类繁多，琳琅满目。不仅经济来往频繁，而且文化交流也非常密切。东、西方互相传入与引进的东西也很多，如医术、舞蹈、武学等多方面。在丝绸产业发展鼎盛的唐代，国家经济非常发达，都城长安已经发展成为了当时世界上最大的城市。每年通过丝绸之路前来的各国客人数以万计，还有很多选择在中国定居，为中国的发展起到积极作用。

　　丝绸之路就像是一个聚宝盆，为一路上的各个国家带来繁荣富强，而中国无疑是最大的受益者。

素纱襌衣

　　唐代诗人白居易在《缭绫》一诗中写道："应似天台山上明月前，四十五尺瀑布泉，中有文章又奇绝，地铺白烟花簇霜。"诗中形容丝绸晶莹剔透且如雾般轻盈缥缈，看似十分夸张，其实不然。举世闻名的马王堆汉墓中发掘出的大量丝织品，足以证明诗人的创作并不是浮夸做作，而是贴合事实的，尤其是两件素纱襌衣，简直精致到令人叹为观止的地步。

　　纱，是中国古代丝绸中最早出现的一种，具有轻薄透明的特点。马王堆汉墓中出土的两件素纱襌衣，一件重48克、另一件重49克。若除去袖口和领口较重的边缘不计，其重量仅为25克左右，经过折叠之后甚至可以握在手心里。素纱襌衣是西汉纱织水平的代表作，更是楚汉文化一块瑰宝。

　　自古以来，蚕丝制品一直是皇室的偏爱之物，欧洲各国的贵族数百年来都喜欢穿着蚕丝制成的宫廷礼服。而丝绸之所以如此受欢迎，不仅仅是因为它具有华丽的外表，舒适的穿着感受也是必不可少的。相比棉麻或是尼龙，丝绸的柔软性显然更胜一筹。

幼虫

蚕的生长过程

蚕卵

蚕蛾

蚕蛾

丝绸之路是起始于古代中国，连接亚洲、非洲以及欧洲的一条商业贸易路线

010 蚕（3）

流通货币

世界历史上均出现过实物货币，中国也不例外。而在中国曾经使用过的实物货币中，粮食与布帛是最重要的两类。布帛包括布和帛，布指的是棉布、麻布，而帛指的是丝织品，丝绸就属于这一类。

由于粮食和布帛是人们生活的必需品，且具有市场广阔以及价值稳定的优势，因此容易被人们所接受，发挥一定的通货作用。在战争纷乱的时期，粮食和布帛显得尤为重要，百姓们甚至不愿意使用钱币，而是完全以粮食和布帛交易。唐代将粮食和布帛作为法定货币，交易金额较大的情况下还要优先使用。

桑基鱼塘

蚕除了能够吐丝制茧，为人类提供纺织原料以外，还有一个重大的用处就是养鱼。

在现代中国珠江三角洲地区开发出了一种高效的人工生态系统，称之为"桑基鱼塘"。它是一种以挖深鱼塘，垫高基田，塘基植桑，塘内养鱼的新型养殖方式，通过桑、蚕、鱼三者之间的密切关系，形成良性的生产循环。

在池边种植桑树，以桑叶养殖蚕，蚕粪用来喂鱼，而鱼粪等泥肥可以滋养桑树，如此一来，就可以达到桑茂、蚕壮、鱼大、塘肥、基好、茧多等多种目的。

桑基鱼塘的发展，既促进了桑树种植、家蚕养殖以及鱼类养殖等农业的发展，同时带动了丝绸纺织等加工工业的进步。此外，因桑、蚕、鱼、泥相互作用的关系，不仅有效地避免了水涝，更增长了经济收益，在减少环境污染方面也发挥了不小作用。

明仔科普时间

· 蚕属于完全变态昆虫，当其进入变态阶段时候，会连续数十小时不断地吐丝将自己包裹于蚕茧之中，半个月之后便可以化蛹为成虫。

· 蚕茧是由一根完整的蚕丝组成，因此用于纺织的蚕茧会在羽化之前就投入沸水中抽丝，以免化蛹时造成破损，难以利用。

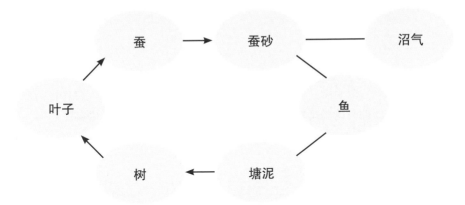

桑基鱼塘的循环模式示意图

叶子 → 蚕 → 蚕砂 — 沼气

蚕砂 — 鱼

树 ← 塘泥

塘泥 — 鱼

树 → 叶子

蝴蝶

蝴蝶是自然界中有名的"媒婆"，同蜜蜂一样，帮助许多植物传播花粉，维护植物的多样性。它们拥有色彩绚丽的翅膀，轻盈灵活的身体，在花丛中翩翩起舞，造就了人类眼中的美景。但赏心悦目并不是蝴蝶被列入此书的筹码，其最为重要的是自身构造对人类科学研究提供的启示。

色彩斑斓

蝴蝶之所以美丽，全赖其翅膀上五彩的色泽和花纹，而且翅膀在阳光下还会产生变色的效果，能够让自身巧妙地融于自然环境当中，以防被天敌发现。

在第二次世界大战期间的一次苏德对战中，人类首次将此原理运用于军事战争上，效果非常不错。当时德军对苏军已形成了包围之势，企图用轰炸机摧毁对方的重要军事力量，进一步控制战争局势，但最终未能如愿。主要原因就在于苏军早已在军事设施上覆盖了类似蝴蝶花纹的伪装，加上当时人们对伪装并不了解，所以成功躲过了一劫，而此对策正是从蝴蝶身上如法炮制的。此外，现代军事中一直使用迷彩服也是据此原理制成的，为军事防御带来了极大的裨益。

天然空调

蝴蝶的翅膀虽然美观，但绚丽的色彩最聚热，在盛夏之时岂不成为累赘？其实大可不必有此担忧，它们的翅膀构造特殊，上面排列着有许多密密麻麻的鳞片，可以吸收和散发热量，起到调节温度的作用。当太阳光照射的角度发生变化的时候，蝴蝶翅膀以及身上的鳞片都会做出相应的调整，保持体温正常。

人类利用这一特点，将人造卫星的温控系统制成百叶窗样式，并具备智能调节功能，以应对在太空中高达几百度的温差，为航天事业解决了一大难题。

蝴蝶的身体构造

1—触角　　2—复眼　　3—头　　4—颈片　　5—肩板　　6—中胸
7—后胸　　8—腹部　　9—前翅　　10—后翅　　11—喙管

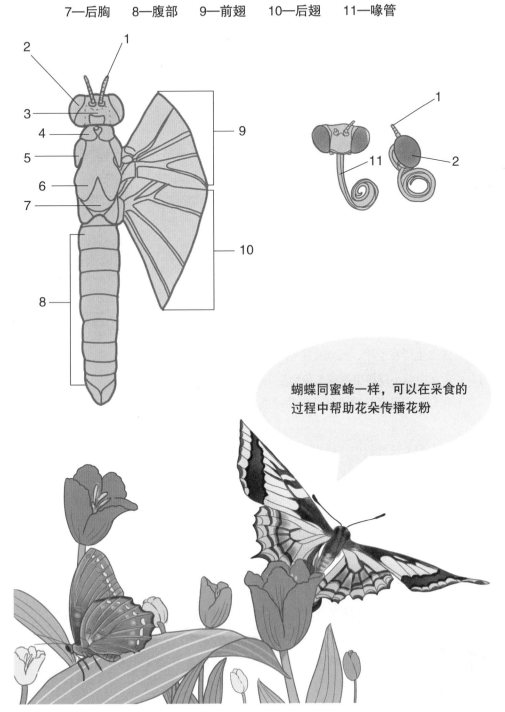

蝴蝶同蜜蜂一样，可以在采食的过程中帮助花朵传播花粉

昆虫的成长经历与生存技巧

昆虫是世界上数量最多的动物群体，目前已知的昆虫种类有100余万种，同一种类的个体数量也十分惊人。无论是庞大的数目，还是分布的范围，昆虫拥有其他动物无法媲美的优势。

昆虫属于无脊椎动物，因此身体里并没有如脊椎动物一般的骨骼支撑，而是外裹一层由甲壳质构成的外骨骼（也就是通常我们所说的"甲壳"），可以保护器官及柔软的躯体。在众多的昆虫类别中，鞘翅目昆虫的甲壳最为坚硬。此外，身躯三段（头、胸、腹）、两对翅膀、三对足、一对触角是所有昆虫最基本的特征。

根据昆虫的发育过程可以分为完全变态发育和不完全变态发育。完全变态发育是指昆虫在个体发育中，经过卵、幼虫、蛹和成虫等四个时期。不完全变态发育的昆虫的则只经过卵、幼虫、成虫这三个阶段。

完全变态发育的昆虫在不同的生长时期，无论是在形态构造，还是生活习性都有明显不同。例如苍蝇的成虫飞翔于空中，幼虫却只能在地表蠕动，而蛹则是不吃不动的；蚊子的成虫生活在空中，而幼虫生活于水中，成虫靠汲取哺乳动物的血液为食，幼虫则靠吞食水中的小浮游生物或细菌为生。

不完全变态发育的昆虫其幼虫和成虫在形态结构上非常相似，生活习性也几乎一致。

在昆虫的生长过程中，蜕皮是整个过程中非常重要一个环节。由于昆虫的外骨骼一旦硬化，就不能继续扩大，会影响到昆虫的生长，因此必须通过蜕皮使身体进一步增大。因种类的不同，昆虫一生要经历5~15次蜕皮，直到其发育到不能再继续长大为止。

明仔科普时间

· 螳螂在交配完之后，雌螳螂大多会将雄螳螂吃掉。据科学家推测，这是因为雌螳螂的食欲、食量和捕捉能力均大于雄性，在交配时吃掉雄螳螂是为了补充能量。

· 蚂蚁的力气很大，能够搬运超过自身体重数百倍的东西。

蝗虫的基本构造

1—头部　2—胸部　3—腹部　4—触角　5—翅膀　6—足

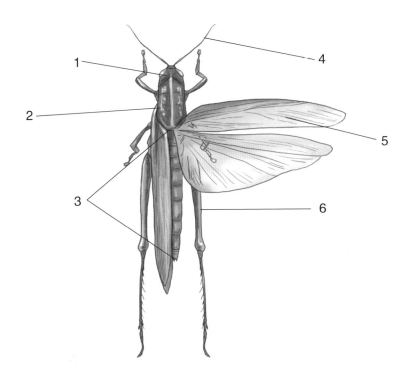

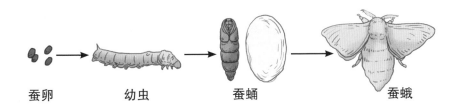

完全变态昆虫蚕的生长过程

不完全变态昆虫蝗虫的生长过程

适者生存，不适者淘汰，这是大自然中永恒的生存法则。下面为大家介绍的是这伙昆虫王国的小宝贝们常用的招数。

伪装

利用颜色和造型等得天独厚的自身条件，昆虫可以巧妙地隐身于的合适的环境之中，借此躲过天敌或将毫无防备的猎物一击毙命。

伪装成枯叶的竹节虫

暴露眼斑的飞蛾

恐吓

一些昆虫的翅膀上，有类似脊椎动物眼睛的大斑点。在它们不活动的时候会将眼斑隐藏起来，一旦感到危险，就会暴露眼斑，恐吓对手。

假死

有的昆虫会选择装死来蒙骗对手。通常，昆虫会朝天仰卧静止不动，或装死从树枝上掉落到地面。

从树叶掉落装死的七星瓢虫

寄生

寄生性昆虫一般都会积极地找到合适的宿主，将卵产于寄主的身上或体内，其幼虫将食用宿主的营养存活，大大避免了外出捕食的危险。

螺赢将卵产于螟蛉体内

第二章
鸟　类

012 ▶ 火鸡 (1)

火鸡亦称"吐绶鸡",约公元前5000年被人类驯化,在现代家禽中占据着非常大的比例,其产量仅次于家鸡。在西方的圣诞节和感恩节来临时,餐桌上必不可少的一道传统美味便是火鸡。在美国国鸟尚未正式选定之前,火鸡一直在备选对象中并享有颇高的支持率,只可惜最终败给白头海雕。

节日美食

世界各国的重大节日都会有不同的习俗和饮食文化,以中国为例:中秋节赏月、吃月饼;端午节赛龙舟、包粽子;元宵节猜灯谜、煮元宵或汤圆……

对于一些西方国家而言,圣诞节和感恩节则是一年中最重要的节日。在圣诞节,人们会摆放圣诞树,戴圣诞帽;感恩节则会与亲朋好友齐聚一堂,玩一些竞技游戏;而这在两个节日中,火鸡都是必备的主菜。通常人们将各种调料和拌好的食材塞进火鸡的肚子里,然后整只烘烤,片好后浇上卤汁食用。

更有意思的是,在每年感恩节的前一天美国还会举行赦免火鸡的仪式,由国家总统亲自参与并发表赦免讲话。2009年,美国总统奥巴马就遵照惯例赦免了两只火鸡。被赦免的火鸡是非常幸运的,从此可以不用担心命丧刀口之下。这两只集万千宠爱于一身的火鸡将提前一天入住华盛顿超级豪华的威拉德洲际酒店,获得赦免的当天下午乘坐飞机的头等舱前往加利福尼亚州,接着被奉为贵宾"出席"当地迪士尼乐园感恩节的游行活动,之后得以在迪士尼乐园安享余生。

明仔科普时间

美国的感恩节

美国国会将每年11月的第四个星期四定为感恩节,并设定两天相应的假期,即感恩节当日和第二天的黑色星期五。在黑色星期五这天,众多商家们都会展开盛大的促销活动,吸引美国民众大肆抢购商品,零售企业的销售量会在一天内暴增,甚至有可能使企业扭亏为盈。

烤火鸡是美国感恩节必备的
一道节日美食

012 ▶ **火鸡（2）**

文化传播

在科技发达的当今社会，文化传播的形式多种多样，如电视、电影、视频、广播、语音等。若时间往前推移几百年，这些文化传播形式都将成为天方夜谭，因为当时最主要的方式大多为口口相传及在昂贵的皮、布、纸上书写。

从中世纪到公元 19 世纪，羽毛笔是见证历史的重要物品，它清楚地记录了欧洲文明发展的艰辛历程，几乎所有的文学著作都是由羽毛笔书写完的。而制作羽毛笔的原料就取自人类驯养的家禽，火鸡正是其中之一。

经济效益

火鸡的体型是一般的家鸡体型 3~4 倍，生长速度快且具有很强的抗病能力，更为可贵的是瘦肉率颇高，被誉为"造肉机器"。不仅如此，火鸡肉营养价值也是有口皆碑的，其蛋白质含量较高，脂肪和胆固醇的含量很低，为体重而烦恼的肥胖人士若想食肉解馋，火鸡便是个非常不错的选择。目前全世界饲养的火鸡多达数亿只，许多国家和地区甚至以火鸡肉替代牛肉、猪肉、羊肉等作为主要食用肉类。

从相关的数据来看，养殖火鸡的经济效益是非常喜人的，综合估计，养殖火鸡的投入产出比例能达到 1：4~1：5。由于火鸡是食草动物，除了以青草喂食以外，只需加入少量的精料即可。若采用人工孵化，每只火鸡一年的产蛋量将近 200 枚，受精率和孵化率都能达到 90% 以上，而且成活率高达 95%。火鸡还具备较强的无性生殖能力，在雄性火鸡不足的情况下，雌性火鸡生产的未受精卵依然可以孵化，只不过体质较为虚弱且大多为雄性。

明仔科普时间

关于羽毛笔的那些"秘密"

·在众多制笔的羽毛中，最常见多用的就是鹅毛，因此羽毛笔通常也被称为鹅毛笔。

·羽毛笔的使用寿命比较短暂，为一周左右。

·制笔的羽毛需要具备一定的长度和硬度，通常取自鸟类翅膀上的飞羽。

火鸡的体型是一般的
家鸡体型 3~4 倍

火鸡具备无性生殖能力，在
雄性火鸡不足的情况下，雌
性火鸡依然可以繁育后代

013 **麻雀**

小时候总是会好奇田间为什么要竖立起稻草人，还要给它们穿衣服戴帽子，打扮得像模像样的。其实这主要是为了吓唬麻雀，让它们远离稻田，不要在丰收来临之际趁火打劫。麻雀的繁殖能力很强，而且喜欢群居，一旦选择对农田下手，将大大减少粮食的产量。

粮食减产

人类对于麻雀的评价一直以来都是褒贬不一，有的人认为它们大量消灭害虫对农业产生了积极作用，有的人则认为它们以禾本科植物的种子为食，对农业的危害极大。

在 20 世纪中叶，中国曾开展过席卷全国的灭雀运动，初衷是为了保障粮食的产量。但最后发现，这样的做法并不高明，在麻雀销声匿迹之后，各种农业害虫开始猖狂泛滥，粮食减产相当严重。总结经验发现，麻雀其实对维护生态平衡和消灭害虫有着非常重要的作用，于是不再对其赶尽杀绝，而是采取拱棚育秧、制作稻草人、人工驱赶等防治措施。

娱乐工具

捕杀麻雀并不是现代社会的产物，早在古代就已出现这样的活动，还因此演变出了一种娱乐工具——麻将。

有资料记载古代江苏太仓县曾设有一个皇家的大粮仓，因常年囤积粮食而招来雀患，令负责管理粮仓的官吏非常头疼，于是以悬赏的方式鼓励人们捕雀护粮。

这种方式以竹制的筹牌用于计算和发放酬金。"筒"的图案是火药枪的横截面，用于记录枪支的数量；"索"的图案以鸟为代表，也有竖条纹，即束的意思，表示捕获麻雀的数量；"万"指的是得到的酬金；"东南西北"意为风向，而"中发白"则分别表示射中、放空炮和领赏发财。

如今麻将已经从中国传播至世界各地，为各国人民所喜爱，甚至一度举办了世界麻将大赛。

麻雀羽毛的不同种类

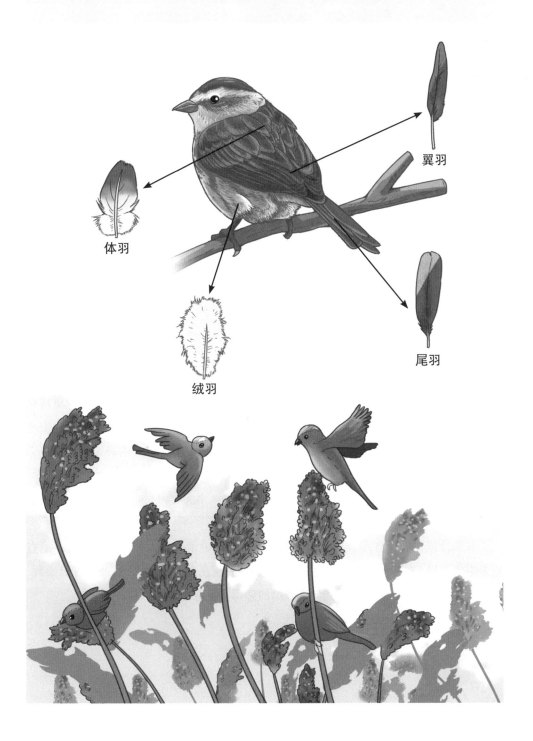

014 响蜜䴕

跟人类存在直接利益关系的动物有很多，大多数近似于雇佣关系，它们有的负责看家护院，有的协助农业生产，而人类则为其提供基本的生活保障。像这类每天按部就班地干着本职工作的动物，就相当于是专职员工。响蜜䴕（liè）则不同，它们不受拘束，更像是人类的合作伙伴。

合作共赢

自然界的生存法则向来非常残酷：适者生存，不适者淘汰。一些弱小的动物为了能让自己活得舒坦些，便寻求更为凶猛强悍的动物作靠山，像牙签鸟这样不起眼的家伙就傍上了"大款"鳄鱼。但很少有动物会把主意打到人类头上，响蜜䴕算是一个特例。

响蜜䴕是一种生活在非洲的灰色小鸟，以蜂蜜和蜂蜡为食，非常善于寻找蜂巢。不过，它们找到了蜂巢却不敢明目张胆地前去打劫，毕竟野蜂不是那么好惹的主。于是它们聪明地采取了"曲线救国"的策略，拉拢一些能力更强大的动物结成联盟对付野蜂，爱吃蜂蜜的棕熊和蜜獾是其首选的合作伙伴，而人类也被列入了合作名单。

当响蜜䴕发现蜂巢就立马向自己的合作伙伴通风报信，并引领其来到蜂巢所在的位置，等到棕熊或蜜獾捣毁蜂巢饱餐一顿过后，它们就从枝头飞下来采食它们吃剩下的蜂蜜和蜂蜡。与人类合作亦是如此，人们采集了绝大部分的蜂蜜之后，也会给响蜜䴕留些"口粮"作为报酬。

视若珍宝

非洲沙漠广布，许多自然资源都极为有限，而响蜜䴕给人们带来了蜂蜜，简直就是雪中送炭。在非洲的原始文化中，响蜜䴕拥有至高无上的地位，被当成神灵崇拜，任何人都不能侵犯，违者将受到异常残酷的惩罚甚至性命难保。

响蜜䴕带领蜜獾寻找蜂蜜，在蜜獾饱餐一顿之后，会给它留些蜂蜜作为报酬

黄腰响蜜䴕

015　鸽子（1）

在人类饲养的鸟类动物中，鸽子享受的待遇应该算比较高级的了，既不用像画眉、金丝雀一样遭受牢狱之灾，也不用背负如鸡、鸭一般的严苛的生产任务。在众多拥有恐龙后裔这样"显贵"出身的鸟类中，鸽子能够在人类社会里过上养尊处优的生活绝非运气使然，而是凭借自己的真本事。

返巢天性

人类与鸽子已经朝夕相处了至少数千年，公元前3000年的美索不达米亚平原上的鸽子图像便可为证。现在，鸽子俨然已经成为人类的好朋友，作为和平的象征，世界各地不少著名的城市都会邀请它们前来做客，如伦敦特拉法加广场、威尼斯圣马可广场、阿姆斯特丹大坝广场等。

如果纯粹以"和平的象征"作为鸽子的标签，不免有些华而不实，鸽子真正的魅力之处在于它的返巢天性。

迄今为止，对于鸽子为什么具备远距离的返巢能力仍无定论，有的认为鸽子能够利用地球的磁场进行定位；有的认为鸽子是根据地形地貌的特征，以河流、公路、铁路等作为标志用以确认回家的路；有的则认为鸽子是利用自身敏锐的嗅觉发现大气中细微的气味特征来辨明方向。

由于人类发现了它们这项不寻常的能力，使鸽子在通信设备匮乏的年代被广泛应用于各个通信领域，包括航海通信、商业通信、新闻通信、军事通信、民间通信等多方面，成为人类不可多得的帮手。

喜传捷报

在罗马时代，鸽子曾被用于传递包括奥运会在内的许多体育赛事的信息，世界杯足球赛也曾以信鸽传递捷报，而现代奥运会一直保留放飞白鸽的传统正是为了纪念它们曾经做出的卓越贡献。

奥运会圣火采集仪式——放飞鸽子

现代奥运会为了纪念鸽子曾经做出的卓越贡献，一直保留着放飞鸽子的传统

毕加索——和平鸽

015　鸽子（2）

飞鸽传书

早在公元前 3000 年左右，埃及人便开始使用"飞鸽传书"这种通信方式。古埃及的渔民们出海捕鱼之时也会携带着信鸽，以便传递求救信号和获取渔汛消息。

随着社会通信需求不断增长，人类便逐渐利用鸽子建立起通信网络，最早具备大规模的通信网络始于公元前 5 世纪的叙利亚和波斯。比起人力传达信息，信鸽邮递更加便捷，同时就保密这一方面而言也更为可靠。之后信鸽邮递服务慢慢发展起来，通信网络越来越庞大。

直到电报出现以后，鸽子才逐步退出通信领域，最后一只提供邮递服务的鸽子于 2004 年在印度光荣退休，得以乐享余生。

威震一方

对弱小的鸽子使用威震一方这个词似乎有些可笑。当然，在科技发达现代社会，鸽子自然是微不足道的，但如果把时间推移到公元 12 世纪，那么情况就会完全不一样。

以巴格达城和叙利亚、埃及这两个国家所有的主要城镇为例，在当时各城镇之间所有的信息交流都依赖鸽子传递，鸽子成了唯一的通信设备，其重要性就好比现代社会的无线信号一样。一旦城镇之间挑起战争，鸽子就将承担通风报信以及寻求外援的重责大任。这有点类似于中国古代的烽火台，是传递情报的一种重要手段。

因此鸽子的存在，不仅是为了方便城镇居民相互通信，同时在一定程度上维护了各城镇和国家之间的稳定，起到不容小觑的威慑作用。

明仔科普时间

· 迄今为止，世界上体型最大的鸽子为法国的鸢鸽，重量可达 1650 克。

· 比利时是全球人均拥有信鸽最多的国家，平均每人 812 羽。

· 1981 年，美国举行了一场目前全球赛程最长的信鸽比赛，全程距离为 4072 千米。

古埃及人出海捕鱼时可以携带信鸽，以便传递求救信号和获取渔汛消息

015 鸽子（3）

战功赫赫

军鸽指的是经过特殊训练、服役于部队、效命于疆场的信鸽，用于在军队中传递军事情报、文书、物品等。它们具备远程回家的本领，善于同猛禽周旋，并能够在枪林弹雨的战场中勇往直前。军鸽在战争中往往扮演着不可或缺的特殊角色，甚至可能成为左右战争局势的因素。

在第一次大战期间，一只法国军鸽携带信息穿越激战的阵地时不幸被击中了胸部和腿部，伤势十分严重，带有信息的腿部几乎失掉。但它仍不顾疼痛坚持飞行了20多分钟将信息带到，从而拯救了许多法国的士兵。为此，法国政府授予其战争十字勋章以示表彰。

同样的故事总是不断在战争中上演，在第二次世界大战中，一只英国军鸽也因表现突出而受到褒奖。1943年11月18日，英军为了迅速攻破德军防线，请求盟军给予空中火力支援。可惜战场局势瞬息万变，战斗打响后，英军迅速瓦解了德军的反攻力量，占领了防线。若按原计划行事，那无疑是搬起石头砸自己的脚。由于当时并没有可用的电子通信设备，短时间内根本无法将情报传递出去。就在这千钧一发之际，指挥员放出一只军鸽前往报信。负责执行任务的军鸽最终不负众望，顺利地将信息带到30千米之外的目的地，化解了这场危机。后来这只军鸽被授予英军动物界的最高军事奖章——迪金勋章。

然而，军鸽在战争中演绎的传奇远不止于此，除了传递信息、进行联络以外，军鸽们还能够执行侦察、采集资料以及海面搜索等任务，被人类誉为"空中通信兵"。

明仔科普时间

迪金勋章

早在第一次世界大战期间，就有军犬在战壕里传递情报，但动物在战争中的功绩直到第二次世界大战时期才被官方认可。为此英国在1943年设立了迪金勋章，用以表彰动物维护主人的献身精神和在战争中建立的功勋。对于英军中的动物来说，这是一种至高无上的荣誉，无异于专为士兵颁发的维多利亚十字勋章。

鸽子相机

军鸽

军鸽——预备携带时的装束

移动鸽舍

随身携带的军鸽

016　鸡（1）

鸡是人类社会饲养最为普遍的一种家禽，其驯化历史至少有 4000 年之久。长期的"安居"生活似乎渐渐磨灭了它们对天空的向往，令其早已忘却该如何飞翔。被驯化后的鸡就像是一群不知疲倦的生产工人，按时按量地为人类提供宝贵的鸡蛋，以辛勤的劳动为人类尽可能地创造收益。

天然闹钟

在中国古代，报时的钟表还没有出现以前，人们通常是日出而作，日落而息，而公鸡报晓就是呼唤人们起床的天然闹钟。

事实上，公鸡打鸣是一种宣告主权的行为，一是为了提醒家庭成员它至高无上的地位，另一方面是警告临近的公鸡不要对它的家眷产生非分之想。

除了报晓，公鸡在白天每 2 小时也会大声鸣叫一次。而清晨的第一声鸣叫，是受到体内褪黑素的影响而出现的自然行为。当晨光乍现的那一刻，公鸡体内褪黑素的分泌受到抑制，便会不由自主地打鸣。但在现代社会，人工照明极大地缩小了昼夜的光线变化，使得公鸡打鸣受到不同程度的影响，有时甚至会因为路灯的照明而半夜鸣叫。

养殖创收

鸡是人类社会饲养最为普遍的家禽之一，目前为止全球饲养的总数量高达 500 亿只。养鸡的方式主要有农家散养和工业化的集中饲养，其中工业化的集中饲养占据的份额更大。

散养的鸡具有耐粗饲、就巢性强以及抗病能力强等特征，一般需要三四个月才能上市。但由于全球对鸡肉以及鸡蛋的需求量非常大，是人类日常菜单上必不可少的食材，以这样的生长速度是很难满足市场需求的，因此养殖者有时会在经济利益的驱使下，采取一些不合理的饲养手段。

公鸡打鸣是一种宣告主权的行为，警告其他公鸡远离自己的管辖区域

单冠　　　　　　豆冠　　　　　　花冠

玫瑰冠　　胡桃冠　　草莓冠　　V 形冠

016 鸡（2）

工业化的集中养鸡场为了尽可能地减少用地，采用层架式的鸡笼养鸡，将鸡群分别安置在成排的鸡笼里。鸡群没有足够的活动空间而且享受不到阳光的照射，养殖场的光照和温度都是通过特别设定的，用以诱使母鸡尽可能多地下蛋。这样抑郁的生活很容易导致它们出现互相残杀的不正常行为，但养殖场的工作人员的解决方式就是残忍地将它们的喙剪平。

此外，缺乏活动和日晒的笼养鸡体质远不如散养鸡，很容易患上各种疾病。为此饲养者会在喂养的食物中添加一些抗微生物的药物，以降低患上疾病的风险。但这样做很可能导致在出售时仍有药物残留鸡的体内，不利于人体的健康。部分养殖者甚至为了加快鸡的生长速度，会在饲料中添加一些刺激生长的药物，使它们能够在短短的一个多月便长到可以出售的重量。

传播瘟疫

"鸡瘟"是中国民间长期以来对禽类疾病的通称，之后出现了禽流感一词。这种流行病一旦爆发，就会导致鸡大量死亡，给养殖户造成巨大的经济损失。而且自禽流感被发现的上百年来，人类仍旧没有研究出彻底治疗和预防这种疾病的药物，只能通过消毒、隔离以及大量宰杀的方式防止其蔓延。

但仅仅在禽类之间流行的病毒并不会对人类构成很大的威胁，真正可怕的是能够在人与禽类或畜类之间感染的病毒，也就是人感染禽流感。

20世纪初期爆发的西班牙流感，无情去夺走了全球5000万至1亿条人命，让当地人民陷入了极度恐慌之中。

之后，世界上也曾出现过数次人感染禽流感，这些病毒往往具有速度快、发病急以及可致死等特征，且短时间很难找到有效的治疗方法，一旦染上就需要隔离。因此人感染禽流感成了一直以来人们心中挥之不去的阴影。

然而，更令人感到可悲的是生命逝去不是流感爆发的全部代价，就连整个社会的秩序也受到了不小的影响。工厂、学校、医院等各种社会机构均难以正常运作，尤其是具有敏感性的旅游业，在这种恐怖的气氛中，许多旅行社因失去客源而被迫倒闭。

鸡的身体构造

1—眼 2—支气管 3—肺 4—盲肠 5—卵巢 6—肾脏 7—喉 8—食道 9—气管
10—嗉囊 11—心脏 12—腺胃 13—胆囊 14—脾脏 15—肝脏 16—肌胃 17—输卵管
18—泄殖腔 19—直肠 20—肠系膜 21—空回肠 22—十二指肠 23—胰腺

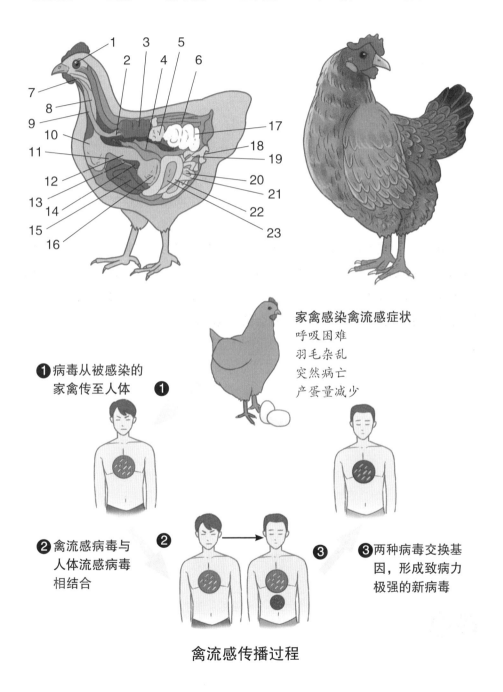

家禽感染禽流感症状
呼吸困难
羽毛杂乱
突然病亡
产蛋量减少

❶病毒从被感染的家禽传至人体

❷禽流感病毒与人体流感病毒相结合

❸两种病毒交换基因，形成致病力极强的新病毒

禽流感传播过程

016　鸡（3）

娱乐项目

公鸡在发情期非常好斗，为了成为一方霸主获取异性的交配权，经常会与其他可能威胁到自己的公鸡发生激烈的打斗。而人类利用公鸡在发情期好斗的特点，发展了一项非常有特色的娱乐项目："斗鸡"。

斗鸡就是将两只性情凶猛的公鸡放在一起，让它们互相打斗啄咬，最后决出胜负的比赛，几乎全球各地都有斗鸡的娱乐传统，流行范围非常广。

在中国的唐朝时期，斗鸡成了一项普及率非常高的娱乐运动，不仅在民间有大量爱好者，而且在皇室贵族中也大受欢迎。王族贵族之间除了显摆家世地位，善于博斗的公鸡也成了他们炫耀的资本之一。

在民间，斗鸡曾经带有一定的赌博性质，输掉比赛的一方通常会给予胜者之前约定额度的金钱或物件。为此不少民众甚至以培养公鸡养家糊口，通过赢得比赛获取财富。不过，这种赌博性质的活动在社会上大肆流行，很容易让人们沉迷于其中难以自拔，从而引发一系列的社会问题，对整个社会风气造成不良影响。

由于以上原因，斗鸡渐渐地淡出人们的视野，但许多地方却推陈出新利用斗鸡开发起了旅游，发展了一项新型产业。通过举办大型的斗鸡比赛来博人眼球，将斗鸡作为一大看点吸引游客，顺势发展当地的旅游业。

明仔科普时间

区分生鸡蛋与熟鸡蛋的小窍门

·将两只鸡蛋放在桌面上进行旋转，能够旋转起来的是熟鸡蛋。

·将鸡蛋握于手中摇晃，蛋壳内有明显晃动感觉的为生鸡蛋。

·将鸡蛋举起对着阳光进行观察，有透明感的为生鸡蛋。

鸡的骨架构造

1—头骨　2—顶骨　3—切齿骨　4—下颌骨　5—指骨　6—掌骨　7—颈椎骨
8—尺骨　9—桡骨　10—肱骨　11—髂骨　12—锁骨　13—尾椎　14—尾综骨
15—肋骨　16—胸骨　17—坐骨　18—耻骨　19—胫骨　20—股骨　21—腓骨
22—跗跖骨　23—趾骨　24— 爪甲

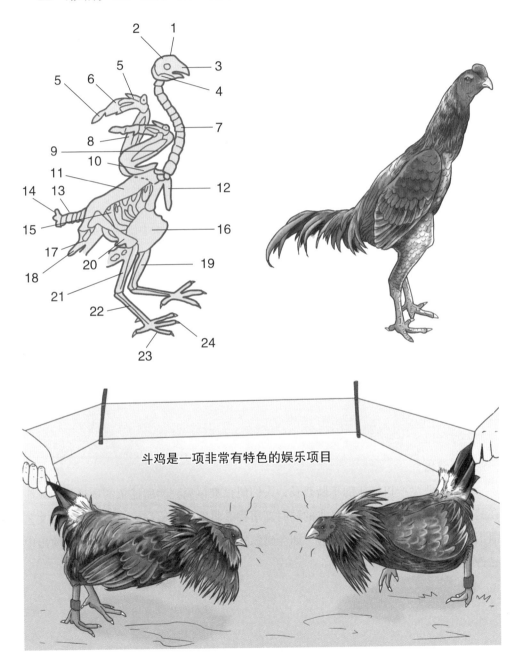

斗鸡是一项非常有特色的娱乐项目

017 ▶ 鸬鹚

笔挺站在船边，像接受检阅的士兵一样英姿飒爽，待渔夫一声令下，就如离弦之箭般插入水中，捕获鱼儿后迅速叼回渔船由渔夫装进篓里，这说的便是鸬鹚（lú cí）。都说人为财死，鸟为食亡，天底下怎会有鸟类甘愿将口中之食拱手让人呢？这当中究竟隐藏了什么秘密？

捕鱼大师

在所有善于捕鱼的游禽里，鸬鹚称得上是其中的佼佼者了。不仅捕鱼技术精湛，而且团结协作能力也是一流的。

鸬鹚与生俱来的完美形态是其成功的重要砝码，其喙部呈锥状，前端向下弯曲如钩可紧紧地衔住鱼儿；趾间长有全蹼（pǔ），有利于在水中游动，必要时还可以使用翅膀划水，速度相当快，通常能给鱼儿措手不及的一击；听觉敏锐，在水中的能见度较低的时候，仅凭声响就能准确地判断出鱼儿的方位。它们捕鱼时行动十分敏捷，一头猛地扎入水中追击，得手后上浮到水面进食。

人类发现鸬鹚有此高超的捕鱼本领之后便将其收为己用，驯化成能够创造收益的捕鱼"工具"。为了避免鸬鹚直接将捕获的大鱼直接吞掉，渔人会在鸬鹚的颈部系上草绳，让其无法吞咽，但会在取走大鱼后，喂食几条小鱼作为鼓励，这就是鸬鹚为何乖乖就范的秘密。一只鸬鹚平均一年可捕鱼500千克左右，只要驯养得当，收益也算不错。

特色演出

随着渔业生产机械化的不断普及，人们便很难再见到鸬鹚捕鱼的场景了，只能在脑海中回忆一番。时代在进步的同时新事物必将取代旧事物，但一些怀旧的文艺演出，却保留了一份过往的美好。如今鸬鹚捕鱼已发展成为了许多水上文艺演出中必备的展示渔家生活的节目。

鸬鹚的喙部呈锥状，前端向下
弯曲如钩可紧紧地衔住鱼儿

在所有善于捕鱼的游禽里，鸬
鹚称得上是其中的佼佼者了

018 ▶ 海鸥

　　《泰坦尼克号》是一部世界著名的影视作品，其中男女主人公凄美的爱情故事十分吸引观众，当"泰坦尼克"号触礁沉没的那一刻，真是令人心碎。虽然泰坦尼克号真正沉没的原因尚无定论，但人类通常会利用高科技的现代化设备来避免触礁这样的悲剧发生，必要时甚至会利用海鸥来导航。

天然导航

　　运用武侠剧中经常出现的一个词来形容海鸥最合适不过了，那便是"骨骼惊奇"。海鸥的骨骼并不像大多数动物一样含有大量骨髓，而是呈空心管状，里面充满了空气。这种奇特的结构不仅能够使海鸥本身更加轻盈，有利于飞行，而且具备气压表一般的功能，可以及时地预知天气变化。

　　经验丰富的航海人员可以根据海鸥不同的飞行方式来推测未来的天气变化，通常如果海鸥贴近海面飞行，就预示着晴天；若沿着海面徘徊，则天气不佳；当海鸥展翅高飞，向海边集结或是扎堆躲在沙滩上或岩缝中时，就代表暴风雨即将来临了。

　　海鸥不仅具备感知天气的本领，对地形也十分了解。它们经常着陆在浅滩、岩石或暗礁的周围，并发出刺耳的鸣叫声，能够对航海人员起到警示作用。同时它们习惯沿着港口飞行，若遇上大雾天气难辨方向的时候，航海人员还可以尝试观察海鸥的飞行方向寻找港口。

消灭垃圾

　　海鸥是出海旅行最常见的海鸟之一，不仅能够帮助驾驶员导航，而且还会主动清理部分海洋垃圾，有着"海港清洁工"的称号。它们经常出没于码头、渡口、港湾等地，将人类用餐后抛弃的残羹冷炙一扫而空。有时候海鸥也会尾随航行的船只，及时地消灭掉游客们浪费的食物。

海鸥经常着落在浅滩、岩石或暗礁的周围，能够对航海人员起到警示作用

信天翁

信天翁是鸟类中的长寿者，平均寿命可达30年，但在这漫长的岁月中它们对待"爱情"却能够持之以恒，通常选定伴侣之后，就会一直共同生活，除非对方死去。然而长寿的信天翁过的日子并不安逸，人类的过度捕猎和捕鱼活动已经严重影响了它们的正常生活。

力敌千军

在一些古老文明的传说中，信天翁被认为是不可侵犯的神鸟，任何人若是冒犯了它们，必将招来横祸。从现代科学的角度来看，这些话并不可信，但却在第二次世界大战中一语成谶（chèn）。

美国的太平洋战史档案中记载着一场前所未有的战争，不是因为战争过于惨烈或是对战时间太长，而是精心操练的人类军队竟败给了一群毫无"作战"经验的信天翁，堪称"奇耻大辱"。

事情发生于1942年的夏季，当时美、日两国在太平洋争夺战中已经进入了白热化阶段，双方都在紧锣密鼓地筹划之中，准备给对方一个惨痛的教训。美军为了增大胜算，出兵潜入了一座占据有利地势的荒岛打算据为己有，却意外地惹来了巨大的麻烦。

士兵们上岛之后发现了一群紧紧围绕成一圈的信天翁，令他们的军事行动难以展开，于是准备伺机寻找突破口完成任务。可惜却在侦察过程中惊扰了熟睡的鸟群，引发了一场激烈的人鸟之战。信天翁死伤无数，士兵们则被啄的血肉模糊，最终以鸟群撤离而告终。

但事情并没有因此结束，士兵们重新整顿准备勘察地形的时候再次与信天翁交手，情况愈演愈烈，连海、陆、空三军也卷入其中，而且还使用了释放毒气这样残酷的手段。但信天翁并没有就此屈服，依旧顽固抵抗，最后迫使人力物力大量消耗的美军不得不撤离这一地区。

信天翁是鸟类中的长寿者，平均寿命达 30 年

信天翁具有强烈的领地防御意识，一旦有其他生物侵入，便会与之相博进行驱赶

020 > # 秃鹫

秃鹫在猛禽里面比较另类的一种，其飞翔能力较弱，通常以滑翔的方式在空中活动，而且它们几乎不吃活食，只对腐尸和死物感兴趣。秃鹰主要以大型动物的尸体和其他腐烂的动物为食，被它们啄食过动物尸体通常只剩下骨架，被称为"草原上的清洁工"。

食腐大王

秃鹫从外表上非常好辨认，羽毛稀少的头部和颈部是其最大的特征。因为它们通常以动物的尸体为食，光秃秃的头部和颈部能够更方便地伸进动物的腹腔。而颈部的与肩部相接的位置长有一圈较长的羽毛，就像人类用餐时的餐巾一样可以起到防止身体羽毛被弄脏的作用。

这种特殊的摄食习性可以帮助大自然清除大量的腐烂尸体，从而防止了许多疾病的传播。但是众多的细菌和病毒被秃鹰吞食之后却不会令它们感染疾病，令人非常好奇。科学家们通过研究发现，原因就在于秃鹫的身体里具有抵抗腐食所携带的细菌或病毒感染的基因特征。如果可以成功地破解这种特殊的基因结构，对增强人体的免疫能力改善自身健康状态具有重大意义。

天葬习俗

在中国的西藏地区有一种丧葬方式，称为"天葬"，即将人的尸体放置野外，由秃鹫啄食。

当地人们之所以会选择"天葬"这样的丧葬方式，跟佛教文化息息相关，他们认为将肉体敬献给秃鹫可以帮助灵魂转世，早日进入轮回。

西藏几乎每一地区都会设有天葬场地，还有专门负责进行"天葬"的从业人员，被称之为天葬师。"天葬"在藏民们的心中是一种非常神圣的仪式，而且受相关的法律保护，任何组织和个人都不得进行宣传报道或组织参观游览。

秃鹫在猛禽里面是比较另类的一种,其飞翔能力较弱,通常以滑翔的方式在空中活动

秃鹫通常以动物的尸体为食,这种特殊的摄食习性可帮助大自然清除大量的腐烂尸体

021 ▶ 猎隼

不少影视作品中经常会出现这样的场景：高大威武的猎人站在草原上一吹口哨，天上的隼（sǔn）便盘旋而下，稳稳当当地停落在猎人的手腕上。这一切看起来是那么的不可思议，强悍的猛禽岂会仅凭一声口哨就乖乖就范？但这的确不是编剧的杜撰，只要驯服隼，让它表演节目都不成问题。

捕获猎物

回首 2000 多年以前，古老的阿拉伯人几乎整日为了寻找食物而到处奔波，生存十分艰难，直到他们驯化了隼，情况才有所好转。驯化后的隼成为猎隼，可以帮助人类进行狩猎活动，捕获更多的猎物。从此以后，猎隼就成为了古代阿拉伯人赖以生存的捕猎助手。

文化传承

虽然社会的不断发展让阿拉伯人早就摆脱了依靠猎隼狩猎的生活困境，但训练猎隼这项运动却被一直保留至今，而且国家还给予大力支持和鼓励。在阿拉伯联合酋长国的狩猎运动中，无论身份高低，均一视同仁，是一项全民都能参与的集体运动，也是一项非常宝贵的非物质文化遗产。

地位显赫

在阿拉伯联合酋长国，猎隼可以像普通公民一样拥有属于自己的护照，只要申请到目的地国家的签证，就能跟随主人出境旅游。重点是它们不必同其他宠物一样被关在笼子里，处处受制，而是主人帮其以乘客的身份买票，并占据主人旁边的座位。

此外，在阿拉伯联合酋长国还设有许多猎隼医院，专门用于治疗受伤的猎隼以及作为猎隼的养老场所。其中最大的一家公立猎隼医院坐落于首都阿布扎比，医疗设施相当完善，全世界每年数以千计的猛禽都由主人带来此处就诊或体检。当猎隼"年事已高"，活动不便的时候，还可以在医院里安享晚年。

驯化后的隼成为猎隼，可以帮助人类进行狩猎活动

猎隼具有高度敏感的视觉，可以帮助其在高空中搜索猎物

鸟类的基本情况与现状

鸟是一种恒温的卵生脊椎动物，其种类繁多，迄今为止全世界为人所知的现存鸟类共有一万多种。它们的体型大小不一，有高达两米以上的鸵鸟，也有身长几厘米的蜂鸟。

关于鸟类的起源至今未有定论，大多数学者认为鸟类是恐龙演化出来的分支，但一些鸟类学家却不以为然，提出了鸟类起源于三叠纪的槽齿类爬行动物的假说。

相对于其他的陆生脊椎动物而言，鸟类拥有很多独特的生理特点，比如羽毛、喙、蜡膜、尾脂腺、孵卵斑、嗉囊等都是鸟类具备的特殊结构。它们在追求异性时花样百出，有的引吭高歌，有的翩翩起舞，有的展羽斗艳，有的则筑造新房，千奇百怪的求偶方式常常令人忍俊不禁。

关于抚养后代，鸟类有着较为合理的分配。一般情况下，成对生活的鸟类由雌雄双方共同育雏，一雄多雌的鸟类大都由雌鸟育雏，一雌多雄的鸟类则由雄鸟育雏。也有一种比较特殊的情形，寄生性鸟类是不育雏的，它们将卵产在其他鸟类的窝中，由宿主抚养其后代，杜鹃就是其中的典型代表。

鸟类另外一项值得关注的行为就是迁徙，根据鸟类不同的迁徙方式可以将它们分为留鸟、候鸟、迷鸟和漫游鸟。鸟类的迁徙行为具有明显的规律性，大多以气候的变化为主要因素，从营巢地移至越冬地，或从越冬地返回营巢地。

虽说鸟类可以通过迁徙来适应气候的变化以求生存，但是不得不说人类以及其他哺乳动物的入侵使它们面临威胁。尤其是失去了飞行能力的一些平胸类的鸟类，更容易遭到灭顶之灾。例如大海燕、渡渡鸟和新西兰的恐鸟等都已灭绝，据科学家们估计，历史上存在过的鸟类大约有 10 万种，而幸存至今的仅有十分之一。

鸟类鲜为人知的"冷知识"

·鸵鸟是唯一一种将大便与小便分开排泄的鸟类。

·鹦鹉的两只脚长度不一样，用于抓握食物的那一只更长一些。

·杜鹃只负责繁殖后代，但不承担养育责任，通常将卵产于其他鸟类的巢穴中，由别人代劳。

鸟类拥有喙、蜡膜、嗉囊、羽毛、尾脂腺、孵卵斑等特殊的生理结构

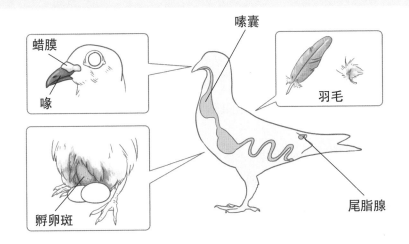

嗉囊

蜡膜

喙

羽毛

孵卵斑

尾脂腺

细说猛禽

猛禽是鸟类六大生态类群之一，除此之外，鸟类还包括鸣禽、攀禽、陆禽、涉禽和游禽等几种不同的生态类群。猛禽包括鹰、雕、鵟（kuáng）、鸢（yuān）、鹫（jiù）、鹞、鹗（è）、隼（sǔn）、鸮（xiāo）、虎头海雕等次级生态类群，均为掠食性鸟类。在生态系统中，猛禽个体数量虽然比其他类群少，但是却处于食物链的顶层，扮演着十分重要的角色。

通常我们将猛禽分为两大类：一类是隼形目，如老鹰、秃鹫等；另一类是鸮形目，如猫头鹰等。这些猛禽都具有鲜明的特征，比如弯曲如钩的喙与锐利的爪，强大有力的翅膀，它们大多能在天空长时间翱翔或滑翔，捕食空中或地面的猎物。

除此之外，敏锐的听觉和视觉也十分重要。昼行性猛禽的视网膜中有两个中央凹，使它们在明亮的白天具有更加广阔的可视范围；夜行性的猛禽则具备了十分发达的听觉系统，两侧耳孔巨大，形状也十分特殊，可以产生立体听觉。

猛禽不仅仅在生态系统中非常重要，其矫健的身姿、庄严威猛的外形，常常是文学作品中进取、雄心的象征。比如在中国的许多诗歌、书画作品中，猛禽都是非常常见的题材。此外，不少猛禽也成了人类崇拜的图腾。

人类驯养猛禽进行狩猎活动的历史由来已久，猎鹰在中亚、中东等地是身份和地位的象征，也是当地富豪最喜爱的宠物之一，猎鹰的流行导致更多猛禽作为宠物进入贸易领域。由于国际公约对猛禽贸易的严格控制，这种贸易大多以走私的形式进行。源自中国新疆、青海的猎隼，经由巴基斯坦、伊朗贩运至阿拉伯是世界上贸易量最大的猛禽走私通道之一。

明仔科普时间

猛禽在进食的时候，并不会细细咀嚼食物，而是整个直接吞食。其中猎物的骨骼、羽毛、毛皮等难以消化的结构，它们会以呕吐的方式将其排出。

第三章

哺乳动物

022 驴

从未跟驴接触过的人们大多会被社会上的"流言"迷惑，认为驴是倔强顽固的家伙。但道听途说不足为信，这真的是莫大的冤枉。其实驴的脾气已经算是役畜中比较不错的，不仅工作卖力，而且吃苦耐劳，甚至连沙漠地带这样的蛮荒地域也能坚持劳作。若换成马，它们肯定死活都不愿意。

运输苦力

马和驴在 5000 多万年前本是一家，经过长期的演变才逐渐分道扬镳。同样作为役畜，马和驴的发展方向却截然不同。

在人们看来驴就是马科动物中的"丑小鸭"。论形象，不如马高大英俊；论速度，不如马健步如飞；论勇猛，不如马能征善战，只能默默干着本分的辛苦活。

驴的抗压能力非常不错，即便当初同伴已经"飞黄腾达"，它们仍然坚守自己的岗位，努力工作，没有一丝松懈。

淘金伴侣

美国在 19 世纪中期曾兴起过淘金热，为美国的经济发展和交通建设注了一股强大的动力。被金矿吸引的人们从天南地北聚集在一起，导致金矿的发源地一时间人满为患。人口的大规模迁移，使当地飞速发展，许多无人问津的小城镇转眼间就变成了国际化的城市。而驴在淘金热中逐渐代替了马，成了人类长途跋涉的首选坐骑，为加快了人口的迁移速度起到了一定的积极作用。

人类之所以选择驴，是因为它们吃苦耐劳，适应环境的能力很强。在草木茂盛的时候以草为食，食物缺乏的时候也能以树皮充饥；而且步伐稳健，不似骑马那般颠簸；更难得可贵的是没啥脾气，不像马那样难伺候。

驴的骨骼构造

1—额骨 2—上颌骨 3—下颌骨 4—颈椎 5—第7颈椎 6—肩胛软骨 7—肋骨 8—第18肋骨
9—腰椎 10—荐椎 11—髋骨 12—尾椎 13—肩胛骨 14—肱骨（臂骨） 15—桡骨 16—腕骨
17—管骨 18—系骨 19—冠骨 20—蹄骨 21—尺骨 22—胸骨 23—膝骨 24—胫骨 25—股骨
26—腓骨 27—跗骨 28—跖骨 29—籽骨

马（1）

马，一种典型的食草动物，拥有其持久的耐力和坚毅的品格，它在人类社会中占据着举足轻重的地位。马惊人的速度和力量，往往令人叹服，进而激发一种想征服它的欲望，自古以来都是男士最爱的坐骑。如今，骑马已经发展成为一项受人追捧的时尚运动，被越来越多的人喜爱。

因马封官

中国四大名著之一的《西游记》中曾多次提到马。其中，孙悟空在大闹天宫之前就是被玉皇大帝封为了弼马温，负责照顾天庭的马匹。

养马之人也能封官？从现代的角度来看似乎有些滑稽可笑。虽然"弼马温"这一官职纯属作者杜撰，但在古代朝廷养马人员拥有官职却有据可查绝非虚构，由此可见马在人们心中的地位非同一般。

秦汉时期主管皇帝车辆、马匹的官员被称为太仆，同时监管官府的畜牧业。每次皇帝出行，均有太仆负责准备车乘事宜，并亲自为皇帝驾车，因此太仆与皇帝的关系颇为亲密，在诸卿中属于显要职务。

明朝时期则设立御马监一职，享受正五品的待遇。其整体职能更为广泛，主要掌管皇帝出行所需马匹，并负责打理草场和皇家庄园以及经营皇家店铺。

千乘之国

春秋时代，战争频繁，在当时拥有兵马的数量是反映国家实力的重要标志。一乘包括4匹马拉的战车1辆，车上甲士3人，车下步卒72人，后勤人员25人。千乘之国指的是拥有很多兵马实力雄厚的国家，即各诸侯国。

老马识途

老马识途是出自《韩非子·说林上》的著名成语。讲述的是齐桓公应燕国的要求，出兵对抗入侵燕国的山戎，不幸半途迷路，之后将老马放出，部队跟随老马找到了出路。

马的主要身体构造

1—吻部　2—头顶　3—颈部　4—前肩　5—胸部　6—肩隆　7—背部　8—腰部
9—臀腰部 10—臀部 11—尾部 12—肘 13—前腿 14—膝球节 15—后脚踝关节
16—胫骨 17—腹带 18—腹部 19—后膝盖关节 20—蹄冠 21—蹄 22—后腿
膝关节 23—胫

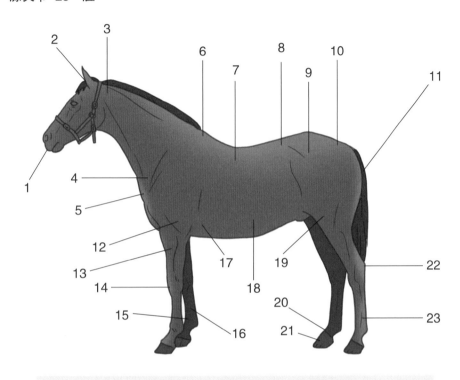

古代御马监一职所使用的御马监牌

御马监牌正面

御马监牌反面

023 马（2）

以马为荣

在中国蒙古族源远流长的民族文化中，最值得骄傲的莫过于建立了中国历史上首个大一统的少数民族王朝，而这番惊人的成就与马同样有着千丝万缕的联系。

蒙古族素以骁勇善战著称，其中机智灵活的蒙古骑兵曾在中世纪享誉全球并成了令敌人闻风丧胆的精锐部队。之所以能够拥有如此声誉，不仅得益于指挥有方的领导人和训练有素的士兵，还有战斗力十足的蒙古马。

由于蒙古马具备优良的整体素质，从而使蒙古骑兵部队得以大大"减负"，它们忍饥挨饿的本领既能帮助军队摆脱后勤供应辎重车队这个"拖油瓶"，也可以替代部队后方的供应基地。值得一提的是，蒙古战马大多数为母马，必要时士兵们可以喝马奶补充能量，因此部队在行军作战的途中只需携带少量的食物。整体部队"轻装上阵"，极大程度地加强了军队的机动性，为战争的胜利打下坚实的基础。

昭陵六骏

昭陵六骏是列置于唐太宗李世民陵墓前的六块骏马青石浮雕石刻，石雕中六匹战马分别名为"拳毛䯄（guā）""什伐赤""白蹄乌""特勒骠""青骓""飒露紫"。除"青骓（zhuī）"和"飒露紫"藏于美国宾夕法尼亚大学博物馆以外，其余的均陈列在我国西安碑林博物馆。

这六匹马可谓是陪伴秦王李世民驰骋沙场的"生死之交"，李世民正因拥有这些优秀的战马而多次得以绝处逢生。

欧洲骑兵

在全世界的许多国家均出现过骑兵，直到 20 世纪爆发第一次世界大战，战壕、坦克与装甲车辆一起登场以后，骑兵才开始逐步衰退。

公元 10 世纪时，拜占庭帝国的重骑兵以其高超的作战技巧和优异的战斗整备创造了战无不胜的神话，成了当时全世界身价最高的雇佣兵，几乎没有部队能够与之抗衡。在这一时期，拜占庭版图的扩张到达了巅峰，帝国迎来了全盛时期。

拳毛䯄

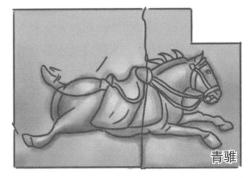

青骓

唐太宗与昭陵六骏

特勒骠

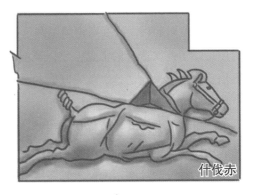

什伐赤

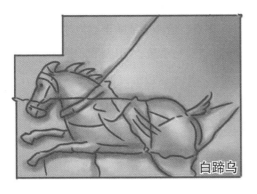

白蹄乌

飒露紫

023　马（3）

陆地通信

中国是世界上最早建立组织信息的国家之一。在古代，设有可供传递官府文书和军事情报的人员或来往官吏途中食宿、换马的场所，称之为"驿站"，距今已有数千年的历史。而通过驿站进行传输的方式称之为"邮驿"。

据《大唐六典》记载，在邮驿事业发展到全盛时，全国的驿站总数多达1600余个。邮驿主要分为陆驿、水驿以及水陆兼并三种，其中最为普遍使用的是陆驿。而陆驿这个庞大的通信网络与马有着密不可分的关系。

利用驿站传递公文是需要填写特定的单子，单子上需要标明送达要求，普通的公文一般是日行300里（注：1千米等于2里），紧急公文则视情况而定，有的为400里、500里或600里等，必须严格根据要求按时送达。显然如此速度仅凭人力是做不到的，矫健壮硕、耐力持久的马匹必不可少。

唐朝开元之治晚期，曾出现过一场巨大的政治暴乱，史称"安史之乱"。当时安禄山在范阳起兵，唐玄宗李隆基则远在3000里之外的长安，然而却在短短数日之内便得知了此次造反的消息，足以证明军情传递的速度之快。能够在如此短的时间将信息安全准确地送达，负责邮驿的马匹绝对功不可没。如果像这样万分紧急的军事情报无法及时地送达，那么改朝换代也未可知。

唐朝的著名诗人杜牧曾写了一篇讽刺唐玄宗的诗作——《过华清宫绝句》，原文为：长安回望绣成堆，山顶千门次第开。一骑红尘妃子笑，无人知是荔枝来。诗中表达了对统治者滥用国家运输系统，只为满足杨玉环爱吃荔枝的私欲这一做法的极度不满。但是，也可以从侧面看出，在没有冷藏保鲜技术的古代，能够将南方的荔枝经过长途跋涉运到长安而不腐坏，足见马匹在当时运输系统的重要地位。

放眼世界，罗马人和波斯人也曾利用马匹建立驿站系统，用以协助中央政府统治庞大的帝国。至1860年4月开始营业的美国小马快递公司是史上最后一个以马匹建立的快递系统，但其不到半年时间就被使用蒸汽机车的铁路公司和使用电线的电报公司这两个强大的竞争对手打败，从而关门停业。

为了保护战马在战场不受伤害，制造了专门给战马使用的盔甲

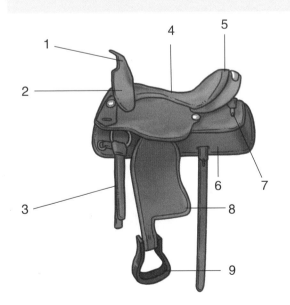

马鞍的构造

1—桩头

2—前鞍桥

3—肚带

4—座位

5—后鞍桥

6—裙摆

7—银饰

8—蹬片

9—脚蹬

023 马（4）

地位象征

英国是全世界为数不多保留君主制的国家，其带有神秘气息的皇室为整个国家添色不少。

在英国皇室和国家的重大礼节场合上，通常会出现一道美丽而又独特的风景，那便是皇家马车。皇家马车在英国有着非同寻常的意义，代表着权力和地位，其主要用于国事访问、婚礼和国会开幕典礼等重要场合，多为皇室人员专用。由此可见，在英国能够乘坐皇家马车之人必定有着非同寻常的尊贵身份。

除此之外，在许多文化中，拥有与骑乘马匹是贵族与精英骑士才享有的特权。

马球运动

马球是骑在马上，以马球杆将球击入球门的一种体育活动，在中国古代称之为"击鞠"。这项运动起源于古代波斯，原本是为骑兵部队演练战术之用，之后广为流传，成了贵族及上流权贵们最喜爱的休闲运动之一。

独一无二

世界之大，无奇不有。都说龙生龙，凤生凤，可马不仅仅能生马，还能孕育骡子。骡子是马和驴的杂交种，以公驴和母马孕育的后代称为"马骡"，以公马和母驴孕育的后代称为"驴骡"。马骡既具备马的灵活性和超强的奔跑能力，也具有如驴一般的负重能力和抵抗能力，是一种十分优秀的役畜。但相对而言，驴骡的个头较小，整体素质不及马骡。

骑兵雕像

据说在西方国家，雕像中战马的姿势代表着该骑士的死因，双脚腾空表示此人是战死沙场；抬起一只前脚表示此人在战争中身负重伤；四脚着地则表示此人因自然原因死亡。如闻名遐迩的彼得大帝和拿破仑等骑士雕像中的战马皆是双脚腾空。

现代马术比赛是一种非常国际化的竞技体育运动

024 绵羊

任何一只单独的动物，要想让全世界的人类都知道它的名字是非常不易的，而绵羊多利做到了！不是因为羊毛品质上乘绝无仅有，也不是因为羊肉口感美味无穷，而是它标志着克隆技术的成功问世，简直不敢想象生物也能像工艺品一样被"复制"。

克隆技术

绵羊"多利"堪称是哺乳动物中的一朵"奇葩"，只有妈妈而没有爸爸，更有意思的是，它不止有一个妈妈，而是三个妈妈。从第一只母羊和第二只母羊体内分别提取一个乳腺细胞和一个未受精的卵细胞，将乳腺细胞放进特殊的营养液中使其停止分裂，取出乳腺细胞的细胞核并去除卵细胞的细胞核，接着在特定的环境下使卵细胞的细胞质与乳腺细胞的细胞核相结合，然后将其转移到第三只母羊的子宫内发育，最终"多利"诞生了。

克隆技术在社会上一直备受争议，一方面，克隆技术发展成熟后，可以用于器官移植，造福人类，而另一方面，如果将克隆技术运用于人类本身，那么社会伦理与人际关系将变得一片混乱，后果不堪设想。但无论如何，克隆技术在胚胎学、遗传学以及医学等学术领域的突破是值得肯定的。

天然纤维

自然界的动植物中可以获取天然纤维的有许多，例如：兔子、骆驼、蚕、棉花等，而绵羊是其中最为普遍被大量饲养用于获取皮毛的一种，在之前很长一段时间里曾是欧洲农业经济的主要支柱。

绵羊柔软的毛发不仅可以用于纺织毛线，还能够制成毛呢衣料，保暖效果极好，市场需求量很大。在 12 世纪时，西班牙和英国就通过生产羊毛赚取了丰厚的利润，之后欧洲国家逐渐建立起了以羊毛交易为主的金融网络，对活跃市场经济起到了很大作用。

克隆羊多利的孕育过程

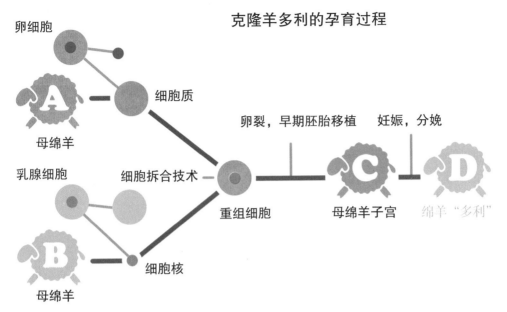

卵细胞

母绵羊 A

细胞质

乳腺细胞

细胞拆合技术

B 母绵羊

细胞核

重组细胞

卵裂，早期胚胎移植　　妊娠，分娩

C 母绵羊子宫

D 绵羊"多利"

绵羊的皮毛非常保暖可用于制作服饰

025 骆驼（1）

暴风、流沙、酷热，沙漠在人类眼中一直是片不毛之地，就连草木都难以生长，然而骆驼却能够在这么恶劣的自然环境中悠闲地生活着。它们拥有浓密的毛发和宽大的脚掌，这些生理结构似乎天生就是为了能够在沙漠中生存而精心设计的，能够帮助骆驼阻挡风沙，顺利地穿越沙漠。

拓展疆土

人类最初驯化骆驼的动机非常"单纯"，仅仅是为了获取乳汁、肉以及皮毛等生活物资。但鞍具的出现，彻底改变了骆驼的生活轨迹，让它从供应物资的普通家畜转变成为载人或驮货的交通工具，甚至是驰骋战场的士兵坐骑。

早在公元前1世纪，骆驼就以士兵坐骑的身份活跃在近东、西亚以及北非地区。好战的亚述人、波斯人以及阿拉伯人都曾运用它参与作战，尤其是公元7世纪时期，阿拉伯人骑着骆驼东征西讨让它们更广地传播开来。在伊斯兰教的影响下，阿拉伯联合部落南征北战，征服了许多国家和地区，建立了强大的帝国。

沙漠之舟

被沙子完全覆盖、植物稀少、常年干旱、荒无人烟，这就是沙漠。人类在选择栖息地的时候，压根儿就不会考虑到这样的地方，但骆驼却能够在沙漠中生存下来。

骆驼具备如此超凡的生存技能，与其自身的"全副武装"密切相关。它的睫毛和耳内的绒毛非常浓密，能将狂风中的沙尘阻挡在外；眼球上覆盖着一层透明的眼睑，负责清理眼睛内的灰尘；鼻孔可以任意关闭，不受风沙侵袭；皮毛呈浅色相当厚实，白天用于反射太阳照射所产生的热量，晚上则起到保温的作用；脚掌宽大，可以分散自身的重量，避免陷入沙里。

但是，光凭以上这些"外部防御系统"并不足以应付沙漠这样的不毛之地，"内部防御系统"也必须足够"高端"才行。在沙漠中生存面临的首要问题便是缺水，许多以沙漠为背景的影视作品中都明确体现了这一点，某些角色通常都是因为严重脱水而命丧黄泉。

人类可以骑乘骆驼穿越沙漠进行往来贸易

025 ▸ **骆驼（2）**

正常情况下，骆驼和人类血液中的水分约为94%，当血液中的水分含量低于一定限值，就会产生脱水现象，严重时会导致死亡。其中人类的限值为82%，但骆驼的限值却低至40%！这种超强抗旱能力主要依赖于骆驼内部的调节，在必要的时候，身体会榨取组织中的水分进入血液，以维持正常的血液循环。

另外，沙漠的天气非常炎热，散热也是非常棘手的问题。通常哺乳动物会采取排汗的方式解决，但在沙漠中过多流失水分无疑是自寻死路。骆驼自然不会这么愚蠢，它们将大部分脂肪聚集在驼峰中，以帮助其余部位的散热，同时可以像热水器一般自由调节身体的温度，限定范围在34~41.7℃之间。如此超群的本领着实让人羡慕，若人类的身体经历了高达8℃的温度变化，恐怕小命难保。

骆驼还有一个非常神奇的功能，那就是它的消化系统就像一台高效的榨干机，食物的水分几乎被榨干，经过消化的食物残渣进入排泄系统后变成的粪便干燥得甚至可以直接用火点燃。它的尿液也是浓缩而成的。为了活命，骆驼也算是使尽浑身解数了。

在骆驼没有被驯化之前，人类难得涉足沙漠地带，客观地说骆驼为沙漠地带的经济繁荣做出了不可磨灭的贡献，举世闻名的丝绸之路上也留下了它们的足迹。

明仔科普时间

- 骆驼大致可分为两种，即单峰骆驼和双峰骆驼。其中大多数是人类饲养的役畜，只有极少数的双峰骆驼为野生骆驼，且全部分布在中国境内。
- 骆驼的驼峰是一个储存沉积脂肪的小仓库，并非用于蓄水。
- 骆驼的嘴唇非常厚，可以咀嚼带刺植物。

骆驼的消化系统

1—小肠　　2—瘤胃
3—食管　　4—网胃
5—瓣胃　　6—皱胃

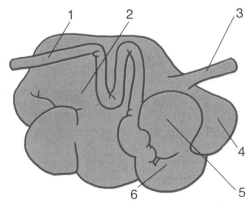

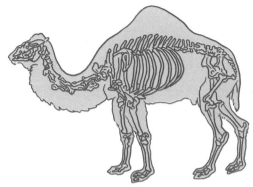

骆驼的骨骼示意图

骆驼肉

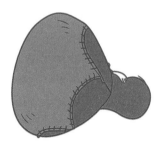

骆驼皮制手鼓

骆驼皮制水壶

骆驼皮制服装

026　蝙蝠

蝙蝠是所有哺乳动物中唯一能够飞翔的，以至于与鸟类混为一谈。不少人都认为蝙蝠是一种嗜血成性阴森恐怖的动物，也许是受到许多恐怖题材的影视作品影响，人们对其唯恐避之不及。但事实上，在偌大蝙蝠家族中吸血的种类只占极小的部分，而且攻击的主要对象并非人类。

吸血魔鬼

经常在伸手不见五指的夜间出没、牙齿尖利且外表邪恶、嗜血成性、杀人如麻，将这些联系到一起，想想都觉得害怕。

然而蝙蝠并不像影视作品中展现的那样恐怖，它们虽然有些种类以吸血为食，但绝不会凶残到伤人性命的地步。成年蝙蝠只需20毫升的血液就可以饱餐一顿，但这根本不足以导致人类因失血过多而死。除非是少数的蝙蝠体内携带了狂犬病毒，在吸血的过程中将病毒传染给了人类，使人最终因患上狂犬病而丧命。

回声定位

昼伏夜出的动物多不胜数，但夜间视力像蝙蝠这么差劲的就很少了。奇怪的是它们竟然能够自如穿梭于丛林之中并且准确地找到食物，奥秘就隐藏在它们的感觉器官之中。

事实上，蝙蝠在夜间飞行的时候，眼睛几乎相当于摆设，并未起到什么作用。它们是利用口和鼻发出一种人类无法感知的超声波，通过耳朵聆听反射回来的声波来判断路况以及猎物的位置。

以上这些似乎跟人类扯不上任何关系，但科学家们通过对这种回声定位原理的研究发明了雷达装置，在人类历史上具有非凡的意义。这种装置被广泛地运用于航空、潜航、侦测预警等各种领域。以飞机为例，利用雷达装置发出无线电波并接收遇到障碍物反射回来的电波，显示在荧光屏上，可以帮助驾驶员更加安全地夜航。

蝙蝠利用宽大的翅膀把昆虫赶进口内

蝙蝠利用回声对昆虫进行定位

超声波在空气中穿过

成年蝙蝠只需 20 毫升血液就可饱餐一顿

027 河狸（1）

如果非要找到一种动物能够在土木工程领域上与人类一决高下，那么河狸无疑是最佳的选择。仅凭自身筑巢行为便可在自然环境中掀起风浪的也只有人类与河狸了。然而这种天赋异禀的动物在自然界的生活并不舒坦，因为它们的肉与皮以及分泌物都是被人类觊觎的珍贵物资。

筑坝达人

啮齿类的动物几乎有个通病，那就是磨牙，河狸也不例外。它们的四颗门牙是终身不断生长的，而牙齿一旦长得过长，便会阻碍进食甚至造成张口不便。为了避免这样的情况发生，它们必须不断地啃咬树木的枝干用以保持牙齿的长度适中。

若仅仅为了磨牙就大肆伐木未免有些太过于浪费和奢侈了，河狸可不是这么挥霍的家伙，它们会收集这些木材以作筑巢之用。

河狸是一种以家庭为单位聚居生活的动物，它们在湖泊或池塘中利用树枝和树梢等材料相互穿插交错，建立起一道外表完全封闭的木质结构作为巢穴。巢穴的入口会设在远离住所的水平面以下，防止陆上掠食者的侵扰。

假如没有找到满足筑巢条件的水域，河狸就会对准备定居的水域进行一定程度的改造。它们会将树枝、树干、泥巴、石头等混合在一起，修筑一道水坝，通过水坝的拦截功能阻隔出可供筑巢的水池。

河狸修筑水坝不仅对自身的生存安全起到了非常有利的保护作用，而且在客观上对生态环境也造成了一定程度的影响。水坝蓄水后将会抬高两岸土地的地下水位，使两岸的土地湿化，有效地改善了当地的环境质量，形成利于生物多样化的湿地生态系统。在现代科学尚未普遍运用以前，河狸修筑水坝是建造湿地至关重要的一种方式，甚至对调节河道流量也发挥着巨大作用。

河狸的四颗门牙是终身不断生长的，它们会
通过啃咬树木的方式来进行磨牙

027 河狸（2）

伐木工人

作为啮齿动物中的一员，河狸通常以啃咬树木的方式进行磨牙。它们的牙齿特别锋利，而且咬肌尤为发达，连直径达 40 厘米的粗树干都不在话下。河狸伐木有着颇为完美的规划，从来不会误伤到自己，在树木倾倒之前，它们还会用尾巴用力地敲打地面拉响警报，提示同伴远离危险。

都说森林是地球之肺，那么河狸此种破坏森林的行为就是赤裸裸地在地球之肺上面戳窟窿。不过，河狸利用树木建立的堤坝可以起到拦截水流的作用，而水流中的泥沙是植物的天然肥料，淤塞在堤坝处的泥沙能够对坝体周边的植物提供大量养分，促进其快速生长，以此补偿之前伐木筑坝对森林造成的损失。

特殊香料

河狸香是一种河狸尾巴根部分泌的油脂，用于标记领地或是涂抹在皮毛上起到防水效果。但是它吸引人的地方却不在于此，人类获取河狸香的主要目的就是制作香料与缓解病痛。

除了制作香料，河狸香还可以运用于医疗领域。河狸食用的树皮中有用于提炼阿司匹林的部分原料，这种原料具有缓解疼痛的效果，因此河狸香也具备同样的功能。这种富含止痛成分的物质在市面上需求广泛，无论是头疼脑热，还是感冒发烧都能使用。对于人类而言，能够减轻病痛自然是好事一桩，而河狸却为此付出了生命的代价，某些种类的河狸甚至面临灭绝的险境。不得不说人类有些获取物资的手段残比较贪婪和残忍，但在客观上，这种大肆搜刮河狸毛皮以及分泌物的行为却为北美地区的荒野开拓起到了一定的促进作用。

明仔科普时间

河狸香以其独特的气味在加工业中占据着一席之地，许多世界顶级的香水品牌都对其青睐有加。有意思的是，喷上这类香水以后，海狸大多会对使用者敬而远之，因为这种气味象征着海狸的领地权威，这就好比雄狮的尿液一样。

河狸香是河狸分泌出的油脂，用于标记领地或是涂抹在皮毛上起到防水效果

河狸的巢穴：河狸在湖泊或池塘中利用树枝和树梢等材料相互穿插交错，建立起一道外表完全封闭的木质结构

028 ▶ **老鼠**（1）

行走在菜市场，经常能听见扩音器里传来"老鼠药、粘鼠板、老鼠夹……"这样的叫卖声。老鼠在大部分人的眼中是个非常可恶的混球，恨不得将其除之而后快，它们传播疾病、破坏家具、偷吃食物，几乎坏事做尽。但老鼠在科学研究方面做出的贡献却是有目共睹的，并非十恶不赦。

社会混乱

鼠疫是人类历史上最严重的瘟疫之一，死亡率极高，仅 14 世纪在欧洲爆发的一场鼠疫就导致了 7000 多万人死亡，欧洲称其为黑死病。大量生命的逝去仅仅只是一个开端，而由此引发的一系列问题则更令人痛心疾首。

人口急剧下降，严重影响了欧洲社会的正常运作，社会秩序一片混乱。由于当时瘟疫的原因没有足够的劳动力，农业生产停滞不前，造成了多地发生饥荒。

不仅是农业劳动人口，其他各行各业的从业人员也严重短缺，就连维持社会的基本秩序都十分艰难。教会神职人员的大量欠缺，迫使教会不得不降低要求寻找对象弥补。这样的做法直接导致了教会的威信受损，甚至动摇了罗马天主教支配欧洲的地位，从而令犹太人、乞丐以及麻风病人等少数群体受到迫害。

城市崛起

在鼠疫横行的时期，欧洲的死亡人口中几乎有三分之一是因此丧命，当时的店铺作坊纷纷关门大吉，只有极少数医院和药房勉强仍在营业，整个城市经济陷入一蹶不振的境地。

在人口明显不足的情况下，劳动者说话变得更有分量，他们大胆地提出涨工资、降低土地租金等要求。但贵族为了维护自身利益坚决不肯妥协，甚至企图通过法律来限制增长工资。这些措施引起了劳动者极度不满，被迫发动了农民起义。虽然起义以失败告终，但仍然达到了他们最初的目的，并且非常有力地冲击了农奴制，推动了欧洲的社会改革。

经由老鼠传播的鼠疫是世界上最严重的瘟疫之一

在人口明显不足的情况下，劳动者们大胆地提出涨工资、降低土地租金等要求

加薪 加薪!!

028 老鼠（2）

鼠疫影响的不仅仅是经济领域，对医疗领域的发展也起到了促进作用，同时波及了宗教以及政治领域，使得资产阶级力量不断壮大，加快了社会制度的改变。

排查地雷

目前人类历史上最残酷的战争当属第一次世界大战和第二次世界大战，战争伤亡人数不计其数，各国经济损失都非常惨重。然而这些已经成为过往云烟无须多言，重点是战争留下的烂摊子至今都难以收拾干净，未爆炸的地雷就是其中的一大麻烦。

战争过后，许多地雷没有被及时清理干净，成了人类生活中致命的安全隐患，每年因误触地雷而引起伤亡的人数多达上千人。若动用人力排查地雷不仅成本太高而且风险较大，通常难以进行。一些组织通过训练聪明的老鼠用于排查地雷或是埋在地下的炸药，以代替人类承担排雷风险。

医学研究

老鼠价格低廉，繁殖能力超强，而且易于养活，在医学研究领域是非常不错的实验对象，为人类战胜病魔做出了突出贡献。

科学家们可以利用通过基因技术让老鼠患上一些人类疾病，如糖尿病、高血压、骨质疏松症等，然后在它们身上进行试验，寻找治疗疾病的办法。

明仔科普时间

· 老鼠的牙齿是终身生长的，如果不及时磨牙，它们将难以闭嘴，无法进食。

· 老鼠的繁殖能力很强，一年四季均可繁殖，通常每次能产下 4~8 只幼崽。

老鼠的基本骨架构造

1—颅骨　2—脊椎　3—股骨 4—胫骨　5—腓骨　6—肱骨　7—桡骨　8—尺骨

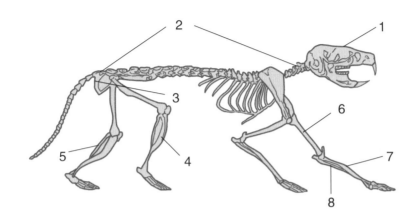

人类利用老鼠排查地雷

029 ▶ 兔子

作为宠物大家族中的一员，兔子算是比较受欢迎的种类，它们既不像小猫咪一样黏人，也不像鸟儿一样叽叽喳喳吵个不停，只要干草、菜叶就几乎可以满足它们了。但谁也想不到，如此"安分守己"的动物，竟然也在人类的历史中搅了一次浑水，逼得人类不得不消灭它们。

异军突起

想必大家都听说过黔之驴的故事，说的是古时候一个喜欢多事的人将驴子运到了贵州这个原本没有驴的地方，之后发现并没有什么用处，便放置到山脚下，最后没有什么本领的驴子就被老虎吃掉了。

对于贵州而言，驴子便算是外来物种了，所幸的是被老虎吃了并没有留下什么祸患。而 19 世纪时期，澳大利亚从英国引进的十几只兔子就没这么好应付了，简直是后患无穷。

兔子们仗着澳大利亚气候温暖、本土动物中没有天敌、食物丰富等有利条件进行了疯狂繁殖，在不到 100 年的时间里就发展出了一支数量高达 6 亿只的庞大队伍，迫使人类不得不采取措施控制兔子数量的暴增。让人类很头痛的是设置围栏、猎杀、投毒等方式均无济于事，直到最后使用了具有传染性的病毒才令此事得以平息。不过这种方式太过于粗暴，虽然将澳大利亚本土的兔子消灭了一大半，但同时也祸及到了欧洲，杀死了英法两国 90%~95% 的兔子，严重影响了食物链的完整性，很多兔子的天敌以及将兔子建造的巢穴作为栖身之所的动物们都因此陷入了濒临灭绝的境地。

实用之处

兔子的毛皮非常柔软，是一种质地优良的纺织原料，可以制成服饰或配件用于保暖，尤以安哥拉兔的兔毛为最佳，据说比羊毛还要暖和很多。

兔子的头部构造

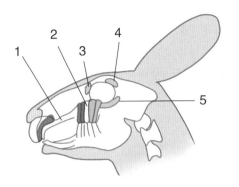

1—鼻泪管　2—泪囊　3—瞬膜腺
4—泪腺　5—副泪腺

兔子的牙齿构造

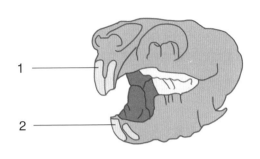

1—大门齿（两粒）
2—下门齿（两粒）

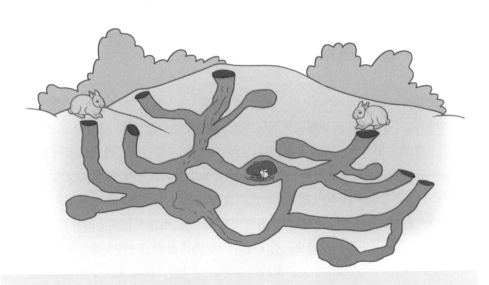

兔子在建造巢穴的时候非常谨慎，通常会设计多个进出口，用以躲避敌害。成语狡兔三窟也说明了它们的筑巢习性

030 猪（1）

家是温馨的港湾，是人类最舒适的栖息地。汉字"家"由"宀"和"豕"组成，"宀"指的是居住的房屋，而"豕"（shǐ）则是中国古文字中的猪。由此可见，猪在古代人类生活中的重要性，仅一间房屋和一头猪就能构成一个家。虽然这样的说法过于片面，但猪与人类的确有着密不可分的关系。

主要家畜

在全世界众多的家畜中，猪算的上是举足轻重的元老了，早在史前时代就开始与人类打交道了。

现代家猪的大多数种类都是野猪的后裔，在家畜中占据着重要地位，猪可以说全身都是宝，几乎身上的所有部位都有经济价值。世界各地对猪肉以及猪肉制品的需求量都非常庞大，是生活中不可或缺的食用物资。

猪肉通过腌制或压缩等处理之后，可以作为食物短缺时的备用粮食，如腊肠、火腿、午餐肉等。在中国，猪肉是需求量最大的食用肉类，除了一些素食菜馆和清真饭店，几乎是所有餐饮企业必备的食材。平常大家都不太留意的猪毛（猪鬃），它在二战中可是由国家专控的战略储备物资哦。

危险病毒

2009 年，甲型 H1N1 流感爆发期间简直人人自危，整个世界都一度陷入了恐慌之中。世界卫生组织也在当年正式宣布该疾病已经成为了全球流行病，虽然许多国家都采取了相应的防护措施，但仍在短短一年的时间内导致上万人死于呼吸道并发症。

H1N1 病毒是由多种不同的流感病毒组合而成的，其中包含猪流感、禽流感以及人类流感病毒。甲型 H1N1 流感最初在墨西哥爆发，之后迅速蔓延到美国并波及全世界，截至 2015 年世界卫生组织报告称共有 214 个国家确认出现了这种疾病。因为该疾病是一种急性传染病，且发病率和传染率较高，所以短时间内很难找到有效的预防及治疗措施，造成了十分危急的疫情。所幸的是，通过社会各界人士的不断努力，最终疫情还是得到了有效控制，没有继续蔓延下去，但至今回想起来仍心有余悸。

猪的骨架构造

1—上颌骨　2—下颌骨　3—环椎　4—枢椎　5—第 1 胸椎　6—肩胛骨　7—臂骨 8—桡骨　9—尺骨　10—腕骨　11—掌骨　12—指节骨　13—第 10 肋骨　14—第 15 胸 椎　15—第 6 腰椎　16—荐骨　17—髋　18—第 1 尾椎　19—耻骨　20—股骨　21—膝 盖骨　22—胫骨　23—腓骨　24— 跌骨　25—跖骨　26—趾节骨

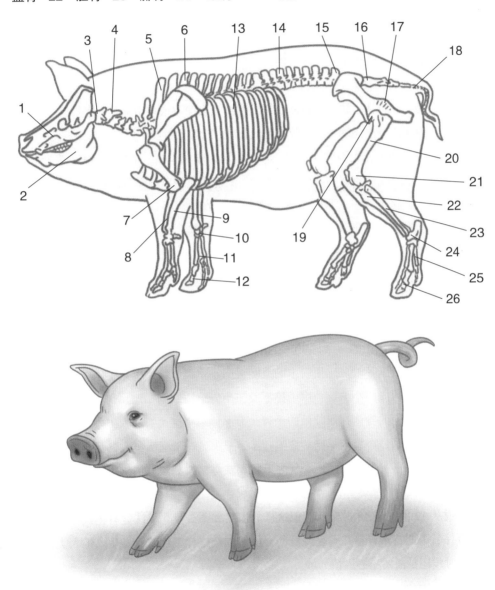

猪作为家畜中的一员，其重要作用就是供肉

119

030 **猪（2）**

潜在威胁

光从表面上来看，肥头大耳的猪似乎显得有些软弱无能，但事实并非如此，身为野猪的后裔它们的本性依旧是很凶残的。

在某些各种动物聚集的大型牧场中，猪并不会安于过着整日吃素的生活，它们对周边的许多动物都心怀不轨。趁管理人员不注意,捕食家鸡或攻击绵羊的事件时有发生，甚至还会对因远离母牛而落单的牛犊发起攻击。

更令人头疼的是，大胆放肆的猪经常在牧场中作威作福，把牛羊等家畜吓得四散奔逃，恶劣的情况往往令牧场主人难以控制，只能将它们单独圈养或者忍痛宰杀。

另一方面，将野猪引入非原生地也是非常冒险的行为，就好比将亚洲鲤鱼引进美国一样后患无穷。猪在进入非原生地后会迅速建立起野生种群，对当地的物种造成很大的威胁，严重破坏了生态环境。

如果只是伤害一般动物的话倒也不算可怕，让人震惊的是，猪还会"吃人"！纵使它们是野猪的后代，但也已经被驯化了很长的一段时间，早在中世纪的文献中便有明确记载，到如今依旧劣性不改，真可谓是顽固不化。

15世纪中期，法国的一个村庄就发生过一起骇人听闻的"猪吃人"事件。当地一名5岁大的小男孩因一时贪玩用树木的果实丢向小猪群，结果引来了杀身之祸。一头母猪猛烈地从背后撞向小男孩，由于猝不及防小男孩便跌倒在地。在小男孩跌倒后，母猪使劲地踩踏他的身体并撕咬他的手脚，而那群小猪也很快加入了蹂躏的队伍。当村民闻讯赶来之时，小男孩早已一命呜呼了，只见到一群满嘴鲜血的猪正在疯狂地啃食他的尸体。怒不可遏的村民，一气之下将那头母猪架到法庭请求审判。最后母猪被处以绞刑以平民愤。

据说从12世纪至18世纪，类似这样的惨案并不少见，仅法庭有正式记录的就将近上百件。由此看来，猪并不是好惹的，虽然如今这样事件鲜有发生，但人类在与其相处的时候还是需要小心谨慎为妙。

尽管猪已经成为家畜，但仍旧野性难驯，偶尔也会出现伤人事件

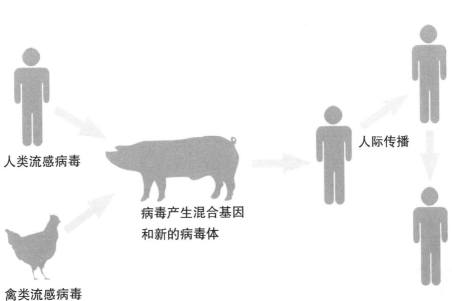

人类流感病毒

禽类流感病毒

病毒产生混合基因
和新的病毒体

人际传播

030 猪（3）

生产原料

不少现代人看来，猪整日不是吃就是睡，除了能够提供大量肉类，其余再没什么价值可言。

不得不承认这样的说法有些偏激，猪虽然不能像牛一般从事农业活动，也不会像马一样承担运输工作，但这并不代表它没有任何可用之处。

在塑料尚未问世之前，制作牙刷的首要材料就是猪鬃，而猪皮可以用于加工成皮革制作衣服和鞋子。在原始社会时期，人类还使用猪骨作为工具和武器。

探宝能手

假如用现代社会的流行语来形容猪的话，"吃货"绝对再合适不过了。但这并不见得是什么坏事，至少给人类寻找美味提供了不少帮助。

众所周知，松露是一种非常珍贵的野生真菌，不仅美味可口，而且营养丰富。但这种真菌深埋于地下，采集十分困难。在欧洲一些国家，人们会利用猪敏锐的嗅觉和善于挖掘的本领来寻找松露。它们能够找到藏于地下1米深的松露，但此时采集人员必须及时拦住它们，毕竟在美食面前，猪是来者不拒的。

猪之所以能够顺利找到松露究竟是为什么呢？有学者认为是松露的气味十分接近猪本身的性荷尔蒙。

明仔科普时间

与猪肉有关的中国民间婚俗

在中国大部分农村尤其是中原地区，结婚时通常有送"离娘肉"的婚俗。都说孩子是母亲身上掉下来的一块肉，男方娶了别家的姑娘就需要赠予女方家一块肉作为补偿，是结婚彩礼中必不可少的一种。

所谓的"离娘肉"就是常见的猪肉，在选择"离娘肉"时颇有讲究，一般多为新鲜的生猪肋条肉和猪后腿。但随着社会的不断变化，这种婚俗也逐渐淡化。

猪鬃可以制作牙刷，而猪皮可以用于加工成皮革制作衣服和鞋子

猪鬃

骨质工具

皮质服装

食物

030 ▶ 猪（4）

防毒指引

1915 年 4 月 22 日在第一次世界大战中，德军为了扭转不利的战局，出乎意料地向英法军队集结的阵地施放了 180 吨氯气，由此导致 5000 名联军官兵当场中毒身亡。损失惨重的英法联军为避免这样的事件再次发生，立即敦促本国政府加紧制造防毒面具以策安全。

当两国科学家们赶赴该地取证研究后，发现了一个奇怪的现象：该地段大量野生动物都相继死亡了，就连树林中的鸟类和蛰伏的青蛙也没能幸免于难，唯独野猪逃过此劫。

经过一番研究和实验过后，得出原来奥秘就藏于野猪的长嘴巴中。野猪喜欢用强有力的长嘴巴拱地，以这种方式觅食泥土中的植物根茎以及一些小动物。一旦它们嗅到强烈的刺激性气味时，也会选择将嘴鼻拱进泥土中，而松软的土壤颗粒可以起到吸附和过滤毒气的作用，因此得以在毒气围绕的环境中幸免于难。

从野猪身上得到启示后，两国科学根据泥土能过滤毒气的原理，选择了既能吸附有毒物质，又能保证空气畅通的木炭作为原料，设计制造出了世界上首批仿照野猪嘴形的防毒面具。

大智若愚

大多数人对猪的印象都不是很美好，认为它们愚笨、懒惰、肮脏，但事实却并非如此。论反应能力和领悟能力，猪的表现都要比大家公认非常聪明的狗更为优秀。

以动物学家让多种动物练习穿过马路的测试为例，表现最机灵的是鹅，它们几乎不会被飞驰的车轮轧到，其次是猪和猫，之后才是鸡和狗。

另一方面，猪十分讲究卫生。在猪圈中，它们总是选择固定的地方排便，留出其他较为干净的空间用于休息。猪喜欢拱泥，是因为它们的汗腺不发达，天气炎热的时候，就利用这种方式避暑。

猪还有一个有趣的特点，它们的脖子上只有一根筋，所以既不能抬头仰望天空，也不能回头。

人类可以利用母猪
寻找松露

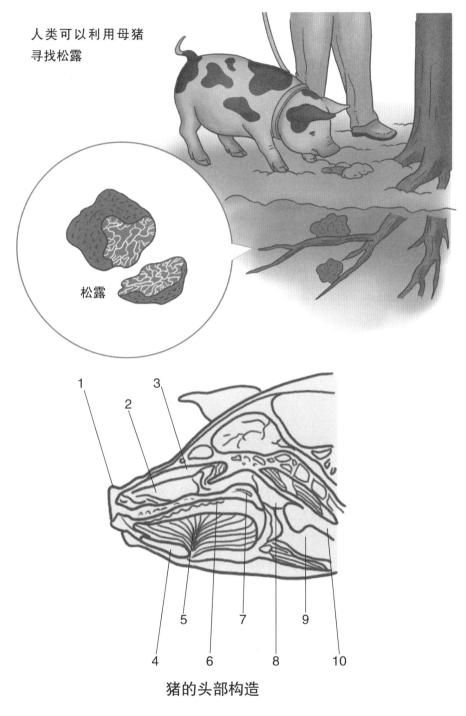

松露

猪的头部构造

1—吻突 2—下鼻甲 3—上鼻甲 4—下颌骨 5—舌
6—口腔 7—软腭 8—咽 9—喉 10—食管

031 狗（1）

肆无忌惮地闯入人类的住所，尽情地撒泼打滚，能够享受这样优厚待遇的动物只有宠物罢了。人类饲养最多的一种宠物非狗莫属，它被称为"人类最忠实的朋友"。狗的性格大多比较活泼开朗，有它们的陪伴人类的生活能够平添许多乐趣，同时还可以给人类提供不少实质性的帮助。

运输苦力

人类与狗打交道已经有数千年的历史了，最初接触的方式比较残忍，大多是为了获取狗肉与皮毛。但经过相处一段时候之后，发现狗具备非同一般的耐力，可以用于驮货。尤其是 16 世纪以前，北美洲还没有用于运输的马匹，此时狗能够分担运输任务简直就是雪中送炭，大大减轻了人类的工作负担。不过这项工作最终被牛、马等体魄更为强健的动物代替，但狗拉雪橇一直保留了下来，用于比赛或是作为旅游项目供游客娱乐。

辅助狩猎

当狗的运输价值渐渐丧失之后，辅助狩猎成了它们继续享受人类供给食物的正当理由。一些狗凭借自己的先天优势和后期的训练，发展为视觉型狩猎犬或嗅觉型狩猎犬。视觉型狩猎犬视力惊人，身材精干且肌肉高度发达，奔跑速度非常快，适合在短距离之内扑杀猎物。嗅觉型狩猎犬嗅觉敏锐，耐力持久，在跟踪猎物时注意力高度集中，善于长距离追逐猎物，直到对方精疲力竭。还有一类身材娇小的狗，被称之为梗犬，专门用来清除老鼠、野兔、狐狸等动物。基于体型优势，它们可以轻易地冲进猎物的地下巢穴。

人类可以根据自身的需求，培育出不同品种的狗用于多种狩猎方式。狩猎犬对主人非常忠诚，一切行动以主人马首是瞻。在传统的狩猎活动中，狩猎犬在追踪猎物时会直接对其展开攻击，直到主人命令停止才罢手。火枪流行之后，狩猎犬的职责也随之改变，它们只需为主人指引猎物的方向，不必主动攻击猎物。若是猎物受伤或死亡，它们就负责将其叼回来。人类有了狩猎犬的帮助，寻找和捕杀猎物如虎添翼，成功概率大大提升。

在中国的北方地区，狗拉雪橇是一种常见的旅游光观活动

生活在北极圈附近的因纽特人是世界上最擅于饲养雪橇犬的民族，在他们的生活中，雪橇是冬日里唯一能够在雪地上驰骋的交通工具

031 **狗（2）**

牧羊助手

专门从事放牧工作的狗被称之为牧羊犬，其主要职责就是保护和看管家畜以及帮助牧民将它们驱赶到集市上贩卖。在放牧的过程中，牧羊犬主要负责保障家畜的安全，避免家畜在放牧的过程中逃走、遗失，同时防范其他猛兽入侵或被他人偷盗。

盲人挚友

导盲犬是经过专门训练，负责帮助盲人处理一些生活事务的工作犬。它们具备良好的教养和导盲技能，当遇到楼梯口时，它会侧身挡住主人的身体作为提示；能够牢牢记住回家的路，指引主人上下班或是前往好友住所等。有了导盲犬的陪伴，盲人们就不用担心撞到路边的障碍物、上错公交车、被楼梯绊倒等诸多问题了。

警队成员

不得不说狗是一种多才多艺的动物，它们不仅能够承担狩猎、运输、导盲等不同任务，而且成功地打入了警队内部，成为警察不可多得的帮手。

试想一下，能够在警队立足的狗绝非池中之物，而事实也的确如此。警犬的用途繁多，可分为跟踪犬、搜捕犬、鉴别犬、巡逻犬、消防犬、护卫犬、缉毒犬等不同类型。

不是每一种狗都适合作为警犬，警犬必须具备极其敏锐的嗅觉、听觉和视觉、凶猛的性格、灵活的行动力以及沉着冷静的应对能力。只有满足这些条件，才有资格成为一只优秀的警犬。

警犬被广泛地运用于各种场合，与警察并肩作战。当犯罪分子或犯罪嫌疑人拒捕逃逸时，警犬可以利用嗅觉优势根据他们身上微弱的气味特征分析其逃逸方向，一旦发现追踪目标，可根据命令快速奔跑上前扑倒将其制服。警察在执行海关检查时经常会带上警犬参与其中，帮助检查来往人员是否携带违禁物品，如毒品、易燃物、炸药等，以求更好地避免检查疏漏。此外，当洪水、地震等巨大灾难发生时，警犬还能担负起搜救的重任，救人于水火之中。

牧羊犬其主要职责就是保护和看管家畜以及帮助牧民将它们驱赶到集市上贩卖

经过专门训练的导盲犬，可以负责帮助盲人处理一些生活事务

031 **狗**（3）

军营一宝

生活在军营的军犬跟警犬过着大同小异的日子，毕竟都是本着为人民服务的宗旨办事的。但军犬的任务更为繁重，而且危险系数更高，在危机时刻敢于上阵作战，为国捐躯，在国防建设中发挥着重要作用。

1941年苏德战争爆发，由于当时苏军缺乏反坦克地雷与武器，便专门训练了一批反坦克犬用于摧毁敌方的坦克。他们将炸药捆在皮带上，然后在狗的背上固定好，当其钻入坦克下方的时候，炸药上的引爆装置就会被触发，从而轻松将坦克炸毁。

然而，理想远比现实要美好。虽然反坦克犬在战争中建立了一些功绩，但也曾闹过笑话，并为此付出了不小的代价。令人印象最深刻的就是第二次世界大战时，苏联训练的反坦克犬。在训练时，它们都是以使用柴油发动机的苏军坦克作为目标，早已适应了这种气味，而德军的坦克使用的是汽油发动机，反坦克犬对其十分陌生，经常会因此"叛变投敌"。而且战场不似模拟训练那般波澜不惊，震耳欲聋的枪炮声和枪林弹雨的射击对于反坦克犬而言，都是非常严峻的考验。许多反坦克犬因为慌张害怕直接逃回己方阵营，造成不必要的人员伤亡。

明仔科普时间

· 狗生病的时候会本能地躲避人类与其他的狗，孤独地等待康复或死亡。

· 狗摇尾巴表示兴奋开心，将尾巴夹其则表示内心恐惧、害怕。

· 狗在睡觉之前会习惯性地在四处转转，确定周围环境安全之后才安心躺下。

· 狗很讨厌在睡觉时被人惊醒，通常会以吠叫来发泄不满。

· 狗的嗅觉非常灵敏，对酸性物质的敏感程度是人类的几万倍。

· 狗禁食葡萄或葡萄干，容易导致其肾衰竭。

训练有素的军犬可以帮助士兵在废墟中进行搜索工作

031　狗（4）

贴心陪伴

被钢筋水泥逐渐包围的城市里，人与人之间的交流越来越少，很容易产生孤独寂寞的感觉。遇到这种情况，饲养一只宠物狗是个不错的选择，尤其是子女不在身边的孤单老人，有了宠物狗的陪伴，生活会更加充实富有乐趣。

城市的生活节奏往往比较快，工作压力更大，长期处于高压的生活环境，人们难免感到抑郁烦闷。而狗天生乐观活泼的性格可以给人们起到积极的暗示，消除一些不安情绪。家庭饲养宠物还能够培养孩子的责任感和爱心，有助于孩子的健康成长。

更难能可贵的是，有时候狗甚至会为保护主人牺牲自己。在中国的江西省九江市曾发生过这样一个案例：当地林业驾校的刘师傅买了一只已死的狗，准备炖了给众多职工的晚饭添道大菜。而美味上桌，众人准备动筷子的时候，同一单位付师傅饲养的狗赛虎却狂吠不止，表现十分急躁，甚至用头撞击人们的大腿。但员工却没能明白它的意思，只是单纯地以为它想多吃点肉，于是丢了好几块肉过去。赛虎心急如焚，万般无奈之下只得地吃掉了地上的狗肉，最终中毒身亡。它用血淋淋的事实提醒了在场的 30 多人，让他们幸免于难。事后，卫生防疫将炖好的狗肉检验后发现，里面确实含有剧毒。为了表彰赛虎舍命救人的行为，人们将其妥善安葬并建立了纪念雕像，至今立于贺家山陵园一座墓前。

明仔科普时间

被宠物咬伤后的应急处理办法

被狗咬伤之后，应及时处理伤口，第一时间进行彻底冲洗。可用浓度 20% 的肥皂水和清水冲洗 15 分钟左右，之后用低浓度的碘酒或 75% 酒精擦拭伤口，并及时到医院注射狂犬疫苗，注射疫苗的最佳时间段是受伤后的 48 小时之内。

狗天生乐观活泼的性格可以给人们起到积极的暗示，消除一些不安情绪

032 牛（1）

人类是当今自然界唯一从始至终都保留饮乳习惯的生物，人类除了母乳还会饮用部分其他动物的乳汁，牛乳也是其中之一。而牛除了供奶，还参与农业劳作，在竞技比赛中也能看见它们的身影，可谓是人类驯养的动物中用途最为广泛的一种。

提供乳汁

人类能够在市面上购买到的乳制品，如纯牛奶、酸奶、奶酪、奶粉、干吃奶片等，大部分都是由牛提供的乳汁作为原料制成的。

奶制品是人类社会中颇为畅销的商品之一，人们可以借此快速获得蛋白质、脂肪以及碳水化合物等营养物质。当然，这些都得归功于牛，它们的反刍过程能够将富含纤维素的植物经过反复分解，转化成以上物质，而这一点人类是自愧不如的。

所有的奶制品中，对人类影响最大的莫过于奶粉，尤其是婴幼儿奶粉。女性在分娩后，很有可能因为各种复杂因素而导致无法下奶，不能亲自喂养婴儿。但对于没有牙齿的婴儿而言，最佳的食物就是乳汁。既然不能从人类本身获取，那么只能另辟蹊径了，于是动物的乳汁成了绝佳的替代品。新鲜动物的乳汁并不是随时都能供应的，采集也比较麻烦。所幸的是现代工业相当发达，可以将乳汁加工成奶粉，顺利地解决了这一问题。

明仔科普时间

牛的内脏结构比较特殊，成年牛有四个不同的胃，分别是瘤胃、网胃、瓣胃以及皱胃。其中只有皱胃可以分泌出胃液，其他三个胃均并不具备这样的功能，充其量只能对食物进行分解，而无法将其彻底消化吸收。

牛的消化系统

1. 肠　2. 瓣胃　3. 食道　4. 瘤胃　5. 皱胃　6. 网胃

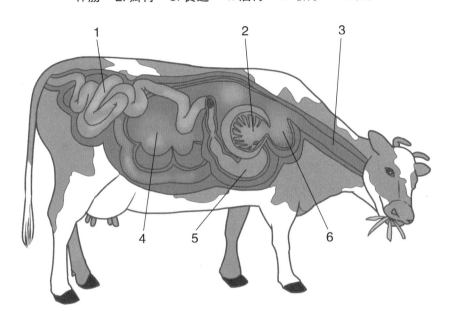

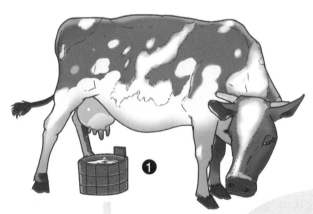

奶制品的制作流程

135

032　牛（2）

农业助手

人类最初猎捕牛只是为了果腹，但驯化后经过一段时间的相处发现这种动物的耐力惊人，非常适合劳作，于是将牛并入了役畜的行列。

作为役畜的牛主要在农业生产中肩负耕地工作，也会同马、骡、驴等动物一样承担部分运输任务。以牛耕田远比人力耕田的工作效率高，大大解放了生产力，对农业生产起到了巨大的推动作用。

牛痘疫苗

牛痘是发生在牛身上由牛的天花病毒引起的一种传染病，主要症状表现为母牛的乳房部位出现溃疡。这种疾病也能够在牛与饲养人员之间传染，一般情况下危害程度不大，只会造成身体稍有不适，但却可以促使人体产生抵御牛痘病毒的抗体。而牛痘病毒与引起人类患病的天花病毒具有相同的抗原性质，医学研究人员根据这一特性制成了牛痘疫苗，人类接种该疫苗之后便可获得抵抗天花病毒的免疫力，从此摆脱天花病毒这个可怕的疫病。

反对养殖

虽然牛的用处颇多，但一些人认为工业化的集中养殖造成了现有粮食资源的浪费，是一种不太合理的生产行为。全球人口的不断增长，粮食供给本来就比较吃紧，一些地区连人类自身的温饱问题都难以解决。在散养的情况下，牛可以通过进食人类无法消化吸收的植物转化成肉与乳，而集中养殖后反而需要瓜分用以应付人口增长所需的粮食，使得人类粮食紧张的情况加剧。另一方面，牛每天要释放大量甲烷气体，而甲烷气体是造成温室效应的罪魁祸首，对全球气候变暖起到了推波助澜的作用。

在一些发展中国家，由于牛肉需求量不断增加，养殖者为了牟利不惜砍伐森林，改成牧地用以养牛，这无疑是一种鼠目寸光的做法，不仅削减生物的多样性，长此以往必将威胁到地球生态系统的平衡，造成不可估量的危害。

作为役畜的牛主要在农业生产中肩负耕地工作，是农民的得力助手

砍伐森林改成牧地养牛是不可取的行为，长此以往将破坏当地生态平衡

032　牛（3）

斗牛运动

在人类社会中，宗教活动一直是人类文明中不可分割的重要部分。宗教活动的形式多种多样，祭祀神灵也是其中之一，而牛与祭祀活动有着很深的渊源，并因此产生了一项闻名全球的运动——斗牛运动。

13世纪古代西班牙的祭祀活动中，人们把牛作为祭祀神灵的一种供品，将其宰杀后供奉给神灵。经过不断的演变，至18世纪中叶，发展成为如今人们所熟知的斗牛运动。

斗牛运动实际上就是让斗牛士与公牛互相搏杀的一种表演，大致可分为四个环节：首先由斗牛士的助手引逗公牛全场飞奔，以求最大限度地消耗公牛的体力和锐气；然后轮到骑马的长矛手出场，他们将使用长矛刺入公牛的背颈部，挑破其血管；接着由花镖手徒步上场，将花镖插进公牛的肩部，起到进一步放血的作用；最后斗牛士手持利剑和红布正式登场，利用红布引逗公牛并适时将其刺杀，表现出色的斗牛士可以获得牛耳或牛尾等作为奖赏。

斗牛运动是西班牙的一项国技，也是西班牙极具代表性的旅游资源之一，每年慕名而来的游客数以万计。然而，近年来因斗牛而引发的争议与日俱增，这种"血淋淋"的屠杀游戏是动物保护主义者坚决不能接受的，他们经常会在斗牛期间发起抗议游行活动。因此，斗牛运动现已不似往日风光，呈现由盛转衰之势。

明仔科普时间

一场斗牛竞技结束之后，主席团会根据斗牛士刺杀的表现给予不同等级的奖励。若斗牛士表演的过程非常精彩能够让全场百分之八十以上的观众为之挥舞白色手帕，就可获得一只牛耳作为奖励；若表现更为出色，则可获得两只牛耳甚至双耳加牛尾。

西班牙著名的竞技运动——斗牛

032 ▶ 牛（4）

饲养危害

中国有句俗语叫作："巧妇难为无米之炊"，意思是就算妇女心灵手巧，没有米也做不成饭。而对于许多国家和地区而言，牛肉也是同等重要，烹饪菜肴若没有牛肉根本无从下手。根据有关部门统计，2000年全球肉牛与奶牛贸易金额高达600亿美元。

由于人类对牛肉与牛乳的需求量巨大，市场前景非常广阔，于是许多发达国家纷纷建立起了超大型的养殖基地，利用工业化的管理以实现生产利益的最大化。

这种大型的养牛场饲养的数量多达上千头，奶牛每天以全自动的机械进行24小时不间歇地挤乳，以求尽可能多地增加产量。而肉牛的情况也不容乐观，为了赢得最大的经济效益，诸如工厂化生产、基因复制以及生物工程技术等均被运用到牧牛事业上，更有甚者使用抗生素与刺激生长的药物增加牛肉的产量。

现代工业化的管理方式虽然提高了牛肉与牛乳的产量，但许多卫生安全问题也随之而来。由于饲养的数量众多，圈舍里的粪便难免会出现清理不及时、消毒不彻底，或者是及时清理了，但因空气流通不够造成圈舍湿度较大的情况。一旦如此，很容易导致细菌繁殖迅速，导致奶牛患上乳腺炎。

流行疾病

疯牛病（Bovine Spongiform Encephalopathy,BSE）是一种危害很大的流行疾病，最早发现于英国。该疾病主要发生于4岁左右的成年牛身上，可对牛的中枢神经系统造成严重伤害，并最终导致其死亡。后来由于受感染的病牛被制成的肉骨粉从英国销往别国，疯牛病便随之传播到其他国家。

至21世纪初，已有10多个国家发生了疯牛病，而更加令人们感到恐慌的是，食用被感染的病牛甚至会导致人类也患上严重的疾病且难以治愈。因此，疯牛病成了当今社会最重大的危机之一，不仅造成的经济损失惨重，也带来了巨大的社会压力。如何顺利地化解疯牛病危机，保障消费者与农民的利益将成为各国的一道难题。

奶牛乳腺炎是奶牛养殖业中最普遍、危害最大的疾病之一

033 大象（1）

经过漫长的物种淘汰，大象终于登上了陆地上现存最大动物的宝座。它们不仅体型庞大，而且战斗力超强，就连狮子和老虎都对其敬畏三分。按理说大象现在的生活应该过得挺滋润的，至少没有动物敢随意招惹它们，但在人类的面前还是低下了它那高贵的头颅。

力量惊人

早在四千年前人类便开始驯化大象，像许多被驯化的家畜一样，大象也干过农活、拉过货物，并被运用于战场之上。

大象第一次在战场上亮相是在公元前 11 世纪的古印度，与其同时代的中国也将大象正式纳入军队之中。通常情况下，只有好斗的公象会被军队相中并训练上阵，它们主要负责在冲锋时踩踏并破坏敌军的阵线。它们的步伐铿锵有力，集体上阵时声势浩大往往令敌人产生恐惧的效果。大象的表皮非常厚实坚固，不容易受伤，而且冲击时爆发的力量惊人，即使步兵使用长矛攻击也很难招架。

不过，大象在作战时有一个致命的缺陷，它们只听从驯象师的指挥，执行驯象师所发出的指令。一旦驯象师战死沙场，它们便容易惊慌得不知所措，甚至会踩踏己方的士兵，造成意外伤亡。而这项"安全隐患"一直为人所诟病，成了大象最终退出战场的主要原因之一。

明仔科普时间

· 大象非常富有同情心，当陷入困境的时候会相互帮助并彼此安慰。

· 在天气炎热的时候，大象会用鼻子在自己的背上洒上一层沙子防止晒伤。

· 大象是一种非常聪明的动物，其脑容量是陆地生物之首。

象牙在是一种贵重的材料，可以用于制作装饰品或用具，
如牙雕、扇子、台球、骰子等

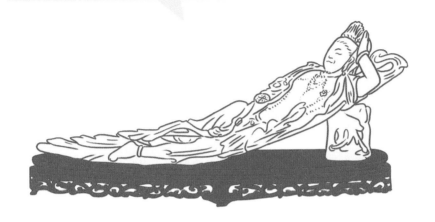

033 大象（2）

毁坏庄稼

近年来，大象毁坏庄稼的事件屡见不鲜，甚至出现攻击人类并导致死亡的案例。其实大象的本性并不凶残，只是兔子急了也有咬人的时候。追根究底这事跟人类脱不了干系，要不是人类肆意破坏大自然，导致大象难寻容身之处，它们也不会做出这么"出格"的举动。

大象的食量极大，每天能吃掉上百千克的食物，而栖息地的减小会令它们最基本的"温饱"问题都难以解决。在被逼无奈的情况之下，它们只能到人类的地盘上寻找食物，践踏庄稼地，采食农作物。但农作物是农民赖以生存的物资，自然不会纵容大象这样的强盗行为，矛盾便由此产生。

尤其是在大象数量较多的非洲地区，大象跟人类的冲突更加明显。当地的人们起初只是用鞭炮吓唬大象，它们听见剧烈的声响就会感到害怕最后自行离开。但这一招用久了便不再奏效，于是一些猎人不得不拿着猎枪对其射击，驱赶它们离开。可惜这并不能解决根本问题，大象迫于生计还是会再度光临人类的居住地，之后同样的画面便一次次重演……

象牙交易

另外一个导致大象处境岌岌可危的就是偷猎，而偷猎者仅仅只为了获取大象的牙齿。他们为了保持象牙的完整，手段极其残忍，直接将大象的头部割开，取走象牙。备受摧残的大象流血不止，无力反抗，只能难受地抽搐静静等死。许多关于动物保护的纪录片中，都出现过这样的场景，甚至有的警察不忍眼看大象受折磨，狠心开枪将其击毙。

一切听上去是那么血腥，令人难以接受，但直到1989年联合国才正式抵制贩卖象牙的行为。在这以前狩猎大象的行为非常普遍，市面上到处都有象牙制品出售，筷子、印章、烟斗、挂饰、摆件、雕塑等。象牙的可塑性强，而且打磨变薄以后会出现半透明的效果，就连艺术家们也对象牙爱不释手。正是因此，大象成为人类牟利的工具，可悲的是它们仅仅是一次性的工具，一旦取走它们的牙，便会被人类弃如敝屣。

大象是泰国的象征之一，去泰国旅游可以体验摸象鼻、骑大象等娱乐项目

濒危野生动植物物种国际贸易公约（简称：华盛顿公约）——CITES 图标

小鳁鲸（1）

小鳁鲸是小型须鲸中的一种，主要以虾类以及小型鱼类为食，最大可长至 10 米，但这种庞然大物却曾在人类的面前显得非常的无力。人类因觊觎它们身上的肉与油脂，便残忍地将其杀害，在疯狂地屠杀下小鳁鲸几近灭绝。所幸的是，在小须鲸绝迹地球之前，人类已经停止了疯狂地杀戮行为。

心有余悸

在人类深入了解鲸鱼之前，对鲸鱼的认知大多来自于古代或中世纪的探险故事。例如：在风平浪静的海面，突然乍现一头巨大的生物，猛地撞向船只，吓得水手们魂飞魄散，落荒而逃。

事实上，鲸鱼并不会主动挑衅人类，它们虽然拥有世界上最庞大的身体，但多以水中的小生物为食。现代的一些鲸鱼，甚至连牙齿都逐步退化掉了。而须鲸类的鲸鱼更加不具备杀伤力，如大须鲸、蓝鲸、大翅鲸以及小鳁鲸等。唯一可能出现的伤人行为无非是游动时意外碰撞了船只，但这种可能性微乎其微，因为它们是技术高超的导航者，通常不会犯下此类低级错误。

尽管如此，人们对其的恐惧依然存在，鲸鱼庞大的身躯很难让人产生安全感，毕竟一旦它们发飙了，谁都招架不住。

明仔科普时间

·鲸鱼哺育幼崽的方式比较特别，不像大多数哺乳动物一样由幼崽自主吮吸乳头获取乳汁，而是母鲸在海水中将乳汁喷射进幼崽口中，幼崽则将乳汁从海水中分离出来摄入吸收。

人类因觊觎小鳁鲸身上的肉与油脂，便进行了疯狂的屠杀，令它们几乎灭绝

034 ▶ 小鳁鲸（2）

作用广泛

人类的捕鲸活动早在史前时代就已经就开始了，是一种历史悠久的狩猎行为。最初只是在近海域利用鱼叉或是渔网捕杀体型较小的品种，之后逐渐发展成为一项工业化事业。虽然如今鲸鱼已经受到了全世界很多国家和地区的保护，但仍有一些沿海的居民以捕鲸为生。

人们捕鲸不仅是为了得到它的肉作为食物，更重要的是获取鲸脂提炼成鲸油。在石油还没有被人类开采利用以前，鲸油曾是重要的日常照明和工业用油脂，既可以用于制革、炼钢等领域，也能够当润滑剂使用，在经过一些化学反应后还能作为制作肥皂或蜡烛等产品的原料。而像小鳁鲸这类须鲸的鲸骨，因为具有比其他动物骨头弹性更好的特征，而被广泛地运用于衬衣领口衬底、雨伞的骨架以及女士用的束腰上。此外，在新西兰，鲸骨还被用于制作护身符。

捕鲸纷争

从 17 世纪早期开始，现代化的大规模捕鲸事业逐渐形成。由于鲸油是当时贵重的工业原料，因此被当成炙手可热的宝贝。

这一时期，英国、法国、西班牙、丹麦、荷兰等国纷纷组织捕鲸船队前往海洋"寻宝"，斯堪的纳维亚与冰岛之间的冷岸群岛海域是当时捕鲸船队经常光顾的地方。由于捕鲸创造的经济效益十分可观，于是在接下来的一个世纪里，欧洲列强为了霸占最好的捕鲸地盘而争的不可开交，甚至不惜以暴发战争作为代价。

至 20 世纪 70 年代前后，大量的捕杀使得许多大型鲸鱼濒临灭绝，小鳁鲸则被列入了死亡名单。直到 1986 年国际共同中止捕鲸活动，大规模的捕鲸事业才逐渐退出历史的舞台。

但对于自古以来以捕鲸为生的民族而言，放弃捕鲸并不是短时间内能够接受的，因此有时各国政府之间仍旧会因捕鲸事件而产生分歧。

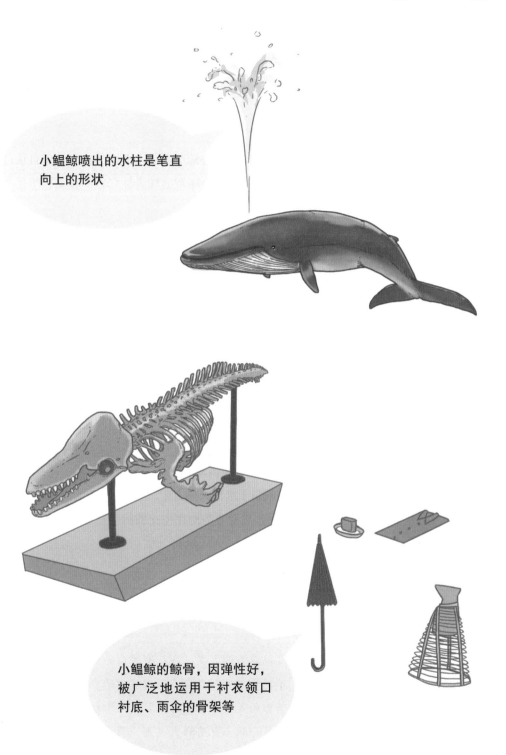

小鳁鲸喷出的水柱是笔直向上的形状

小鳁鲸的鲸骨，因弹性好，被广泛地运用于衬衣领口衬底、雨伞的骨架等

034 ▶ 小鳁鲸 (3)

旅游观光

在人类停止大规模的捕鲸活动以后，全球的鲸鱼数量逐渐增加。而鲸鱼自从过上安居乐业的生活便不再恐惧人类，尤其是像小鳁鲸这样天性好奇的种类，于是一项新型的产业应运而生——赏鲸。

许多鲸鱼在下潜以前会奋力跃出水面，然后再笔直地插回海里，而此时站在赏鲸船甲板上人们可以借此机会一览鲸鱼"腾空"的雄姿。但小鳁鲸不会这样招摇过市，它们习惯低调行事，总是静静地潜下深海，而且它们每次下潜可以持续 20 分钟，因此不是人类特别喜欢的种类。不过，小鳁鲸的数量较大，而且每年会多次造访近岸海域，所以成了人类最容易观赏到的一种鲸鱼，可惜的是往往匆匆一面过后便消失不见了。

赏鲸活动除了可以欣赏到鲸鱼庞大优美的身姿以外，还有一点值得令人兴奋，那就是观看鲸鱼"喷水"。事实上，鲸鱼并不属于鱼类，而是一种水生的哺乳动物，因此不具备像鱼类那样可以在水下呼吸的鳃，需要在每隔一段时间便浮出水面呼吸空气。当鲸鱼浮出水面将之前吸进去的空气从头顶的鼻孔喷出时，这些温度较高的空气会受到冷空气的影响而凝结成水滴，远距离观看就好似喷泉一样。

赏鲸活动的日益兴盛，不仅挽救鲸鱼于水深火热之中，还令以前传统的捕鲸区域，如西太平洋、格陵兰、冰岛、澳大利亚与南非等地在中止捕鲸活动后创造了非常可观的收益。

明仔科普时间

鲸鱼大致可以分为两大类，即：有牙齿的齿鲸与没有牙齿的须鲸，不同种类的鲸鱼在呼吸时喷出的水柱各不相同。通常须鲸喷出的是笔直向上的水柱，而齿鲸喷出的水柱为倾斜状，而且形状上也有较大差别，前者又高又细，后者则较为粗、矮。

小鳁鲸是人类最容易欣赏到的鲸鱼种类，但它们行事"低调"，喜欢安静地活动

什么是食物链

当一种动物灭绝之后，就像一张多米诺骨牌被推倒一般，自然界的食物链就可能出现断裂，引发一系列的问题，牵连到更多的生物种类。

食物链究竟是什么？简单地说就是大鱼吃小鱼、小鱼吃虾米、虾米吃螺蛳、螺蛳吃烂泥的这么一个过程，指各种生物之间通过一系列的捕食关系建立起来的序列，生态学称之为食物链。而食物链一旦出现断裂，就可能打破当地的生态平衡并影响到人类的生活。

以本书中讲述兔子的章节为例，从英国被引进到澳大利亚之后因少有天敌而疯狂繁殖，最后迫使人类不得不采取手段抑制它们的数量暴增。兔子属于食草动物，庞大的群体自然要啃食当地许多的草本植物，而其他一些食草动物就会因食物减少而陷入生存危机。若某种食草昆虫因食不果腹而消亡，那么以其为食的鸟类和青蛙等动物也将面临唇亡齿寒的绝境，接着以青蛙和鸟类为食的蛇类或猛禽等动物便要遭殃了……

另一方面若青蛙和鸟类数量急剧下降，农业害虫就会因缺少天敌而增多导致农作物大幅减产造成粮食短缺，人类的温饱也将面临挑战。

由此可以看出，虽然人类如今处于食物链的顶端，大可不必担心沦为其他动物的口中之食，但食物链断裂造成的后果仍然会直接或间接地"搅乱"人类的生活。

人类与其他动物共同生活在地球上，任何一种动物的灭亡都是一记警钟，提醒着人类应该居安思危，不要恶意破坏大自然的生态平衡，否则定会自食恶果。

明仔科普时间

地球上受到人类影响已经灭绝的动物有：史德拉海牛、渡渡鸟、恐鸟、大海雀、开普狮、阿特拉斯棕熊、猛犸象、澳米氏弹鼠……

动物之间的相互影响

猛兽的发展经历

猛兽并不是动物生态类群中的分类，通常凡是体型硕大、生性凶猛的动物，我们都可以称之为猛兽。

一提到猛兽，我们首先想到的往往是虎、狮、豹等大型猫科动物，这些动物具有一些相同或者相似的特征，比如强健的体型、有力的肌肉、异常敏锐的听力、夜视能力、能够伸缩的利爪和粗壮锋利的虎牙等。

像虎、狮、豹等猛兽，大多是由古食肉动物进化而来，这类大型古食肉动物在700万年前的上新世开始出现并逐渐发展。其中的猫形类在进化中出现了多个分支，分化出了恐猫、真剑齿虎、真猫等几大类。在随后的第四纪冰川期中，只有真猫类幸存下来，这也就是现在虎、狮、豹等猛兽的祖先。

这些猛兽分布在地球上的各个地区，从极地到赤道，包括寒带、温带、热带，都有它们的踪迹。它们主要捕食大型和中型动物，像野牛、野猪、水牛等，有时蟒蛇、鳄鱼等也是它们捕食的对象。生活在同一地区的猛兽也会互相争斗，豹在遇上狮子或者老虎这样的大型猛兽时，也可能沦为被捕食的目标。

在更遥远的古地质年代，地球上生活的猛兽比现在的虎、狮、豹等体型更为巨大，恐龙就是其中的典型代表。第四纪冰川期以后，大灭绝事件导致恐龙等大型猛兽灭绝，而剑齿虎、猛犸象等大型动物日益兴起。

大约在1万多年前，更新世时期的各种大型厚皮食草动物逐渐灭绝，使得不善于快速奔跑的剑齿虎竞争不过那些比较灵活并且全面发展的一般食肉类动物，也随着它的猎物走向了灭绝。取而代之的就是后来出现的现代虎以及其他大型食肉类动物。

明仔科普时间

猎豹的奔跑速度非常快，冲刺捕捉猎物的时候能达到上百千米每小时，但追逐时间通常不会超过3分钟，否则就会因为身体过热而导致死亡。

第四章
其他动物

035　鲤鱼（1）

鲤鱼同牛、羊、鸡、鸭等动物一样，也是被人类驯化后饲养的动物之一。人类将其养殖在池塘之中，作为一种重要的动物性蛋白质来源。鲤鱼原产于亚洲，后引进欧洲、北美以及其他地区。它不仅可以当作一种天然食材，还能够用于钓鱼比赛或是在池塘造景中供人们观赏。其中，有着"水中活宝石"之称的锦鲤，更是深受世界各地观赏鱼爱好者的喜爱。

在所有人类养殖的淡水鱼类中，鲤鱼养殖的数量是最多的，尤其是中国。据调查在 2002 年，鲤鱼的养殖份额占据了全球淡水鱼养殖产业的 14%。除了亚洲，在东欧与中欧地区，鲤鱼也是主要的食物之一，而犹太餐馆更是把鲤鱼列入了必备食材的名单。对于远离海岸的地区而言，鲤鱼则是最易得且廉价的蛋白质来源。

鲤鱼的繁殖能力很强，它们的生存手段就是通过大量的产卵来确保种族的延续。一条母鱼一次就能产下 30 万颗卵，一年的总产量可达 100 万颗。这个庞大的数字足以保证鲤鱼在被掠食者捕杀以及环境变化等各种致死因素下，仍旧正常生存。

泛滥成灾

世界各地将鲤鱼从亚洲引进之后，引发了不少问题，甚至因为泛滥成灾而严重为威胁着当地的生态系统。

以美国为例，最初引进亚洲鲤鱼只是想通过鲤鱼惊人的食量清理本国南部鲶鱼池里的海藻。出人意料的是，由于数量不断增多，一些鲤鱼竟然溜进了密西西比河及其支流，它们迅速繁殖并一发不可收拾。在这里它们的食物富足，天敌较少，生长速度十分惊人，长度大多都能达到一米以上。不仅如此，它们甚至还沿着密西西比河逆流而上，进入五大湖的周边水系生活。这些"大胃王"在此定居之后，往往要吃掉许多本地物种赖以生存的水生物，对当地的生态环境造成了不良影响，甚至有可能破坏五大湖的水系生态平衡。

鲤鱼的身体构造

1—脑 2—头肾 3—鳔 4—肾脏 5—输尿管 6—鳃 7—动脉球 8—心室 9—心房
10—静脉窦 11—肝 12—胃 13—胆囊 14—脾 15—肠 16—睾丸 17—输精管
18—肛门 19—生殖孔 20—膀胱

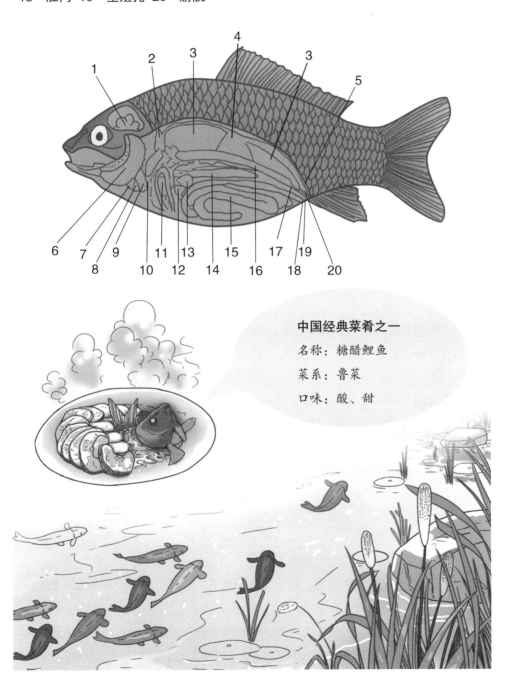

中国经典菜肴之一

名称：糖醋鲤鱼

菜系：鲁菜

口味：酸、甜

035 鲤鱼（2）

为了防止事态继续恶化，人们尝试在水中架设防鱼电网，但仍旧于事无补。之后又采取了残忍的投毒手段，可惜大部分遇害的都是美国本土的物种，并没有对亚洲鲤鱼的生存造成威胁。

虽然截至目前，亚洲鲤鱼还没有对美国五大湖的生态安全构成实质性的威胁，但部分有关组织和人士仍旧强调不能对亚洲鲤鱼掉以轻心，提出了以关闭从密西西比河进入五大湖的运河来阻止亚洲鲤鱼疯狂扩散的这一大胆建议。

然而，关闭运河并不现实。一旦这样做，势必导致大量矿石和粮食被迫通过陆地转运，运输成本便会随之增长，对美国的国民经济而言，这将会是非常严重的打击。

赏心悦目

在众多的鲤鱼中，日本锦鲤算得上是最有名的一种了。日本锦鲤身上的花纹和形态非常优美而且十分特别，可以随着年龄和环境水温的变化，在日本被誉为"水中活宝石"。

日本锦鲤的颜色繁多，有白、黑、红、黄、蓝等颜色，一般多由两种或三种颜色混搭在一起。其中"红白""大正三色""昭和三色"为最具代表性的品种。

相关发明

鱼类不仅可以成为果腹的食物，还为人类的发明创造提供了灵感。船桨就是利用费力杠杆的原理，模拟鱼的胸鳍和腹鳍而制成的划船工具。船桨的一端设计得比较宽且薄，在划动时能够像鱼鳍一样，利用水波的反作用力，使船体前进。

明仔科普时间

·其实，动物作为人类的"伙伴"，最初都是充当食物的角色。

·鲤鱼是中国流传非常广的一种吉祥物，以鲤鱼为主题的剪纸或饰品有象征年年有余之意。

人工池塘中饲养的观赏鲤鱼

在食物充足，气候适宜的情况下，鲤鱼可疯狂生长至一米以上

036 牡蛎

牡蛎,通常俗称为"生蚝",它是一种是生活在海底的贝类动物,因其肉质肥嫩,口感鲜美而广受欢迎。中国内陆不少街边烧烤摊都将其作为主打美食,毕竟是从大海远道而来,有一定的叫卖噱头。牡蛎的采集颇为麻烦,渔民们需要携带氧气罐潜入海底,并使用特殊的工具才能将其从石面上撬下来。

海中美味

浩瀚的海洋中蕴藏着许多美味,牡蛎也是其中之一。它不仅可以用于烧烤,还可以炼制成广东传统的调料:耗油。

牡蛎也算是出生于海中的小贵族之一,虽然身价不及海参和鲍鱼,但比起海螺、小虾就绰绰有余了。现代社会不乏许多以物质来衡量一个人的生活状况的做法,而牡蛎应该属于中产阶级正常消费的可选食材之一。

家族荣誉

贝类动物除了频繁地出现在人类的餐桌上,在古代还曾经作为等价物品用于交易付款,比金银类货币的资历更深,不得不说这是贝类动物最风光无限的时候。不过,当时采用的大多为齿贝,牡蛎只是顺带沾光而已。经过几千年风雨的洗礼,贝币能够完好保留至今的并不多,非常值得收藏。

生产珍珠

珍珠是由贝类动物内分泌作用生成的一种物质,其表面不需要经过打磨便具有隐约可见的光晕,尤其是优质的天然珍珠外形圆润光滑,手感细腻,更是弥足珍贵。

由于天然珍珠的稀有和其堪称完美的品相,在过去的很长一段时间里备受皇室喜爱,甚至垄断这一宝贝,专供王室和贵族享用。直到19世纪以前,珍珠在市面上仍呈现供不应求的趋势。但到了19世纪之后,随着人工养殖珍珠技术的发展,珍珠的产量就得到了大幅提升。而日本将这项技术申请为专利,靠着这"独门手艺"称霸珍珠养殖业长达几十年。

牡蛎的构造

1—闭壳肌　2—鳃　3—心耳　4—外套膜　5—壳　6—唇瓣
7—肠　8—心室　9—胃　10.消化腺

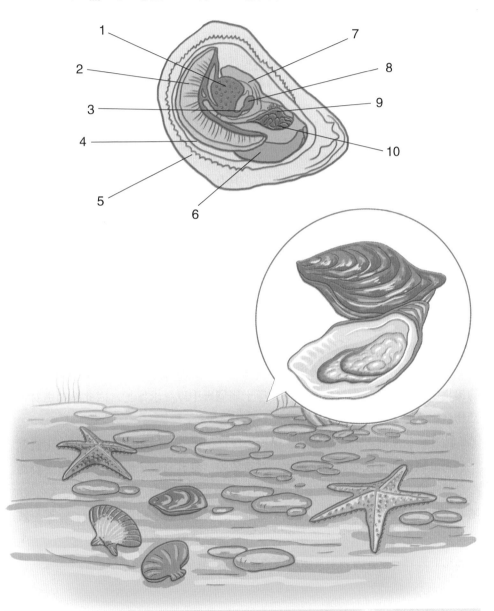

牡蛎是一种可以生产珍珠的贝类

037　珊瑚虫

珊瑚虫是一种群居在海洋里的腔肠动物，它们的生长非常有意思，通过吸收海水中的钙和二氧化碳，分泌出石灰石建造外壳，用以保护自己。经过世世代代不断地扩建之后，便塑造出了美丽迷人的珊瑚礁，名扬海外的澳大利亚大堡礁就是这样形成的。

建造房屋

珊瑚虫筑造的珊瑚礁非常坚硬牢固，具有非常可观的开采价值，不仅是可以被制成饰品或摆件的有机宝石，还可以作为砖头用于建造房屋或烧制石灰。

在中国广东省的徐闻县至今还保留了许多用珊瑚礁砌成的房屋，建造最为久远的房屋都已经有100多年的历史了。由于当地临近海洋，人们便就地取材营造了独特的珊瑚房屋，如今已经发展成为了当地别具特色的一道风景线，吸引了不少游客前来参观。

保护生态

五彩缤纷的珊瑚礁不仅将海底世界点缀得更加漂亮，更重要的是为许多海洋生物提供了栖身之所，不少鱼类都将卵产于珊瑚礁中以寻求保护，因此珊瑚礁对保障动物食物链的完整起到了非常重要的作用。

此外，珊瑚礁对支撑旅游业、保护海岸抵御风暴和侵蚀同样做出了突出贡献。一些海滨城市或地区对珊瑚礁产生了严重依赖，将其当成了维持生计的重要资源。一旦珊瑚礁衰退和消失，这些地区就将面临前所未有的难题。然而现实就是这么残酷，随着全球气候变暖，海水的温度也不断上升，严重威胁了珊瑚礁的生长。不少城市甚至是国家已经开始对此产生焦虑，一方面需要采取有效的措施避免这样的情况继续恶化下去，另一方面必须重新调整产业结构，减少自身对珊瑚礁的依赖。

明仔学科普

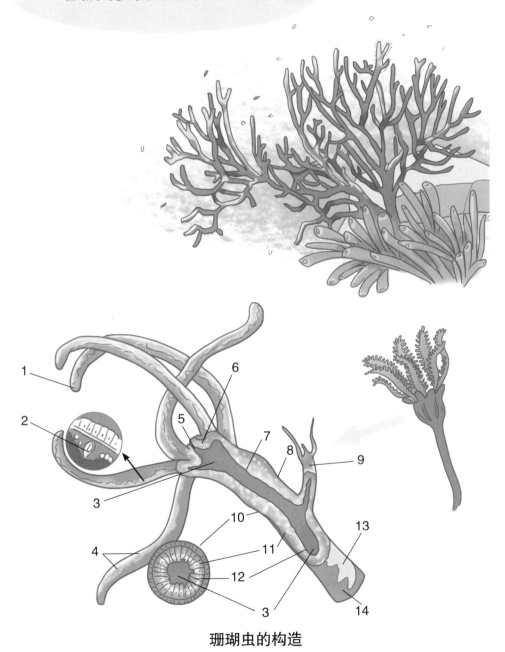

珊瑚为许多海洋生物提供了栖身之所

珊瑚虫的构造

1—触手　2—刺细胞　3—消化循环腔　4—刺丝囊　5—口　6—垂唇　7—胃层
8—皮层　9—芽体　10—表层　11—胃层　12—中胶层　13—柄　14—基盘

163

沙丁鱼

人们对沙丁鱼的最有印象的一句话，应该是"挤得像沙丁鱼罐头"了，速食罐头、餐桌美味无疑是它们的最终归宿。然而，鲜为人知的是，其实它们是拯救海洋生物生态链的大英雄。虽然从表面上看来，沙丁鱼并未做过什么惊天动地的大事，只是在饥肠辘辘的时候吃掉了许多海洋中的浮游植物，但正是这一本能进食的举动，却对海洋中的不少生物施与了救命之恩。

抑制毒气

在全球气候逐渐变暖的大环境影响之下，海洋中的许多浮游植物借助有利的气候条件快速生长，形成了许多植物繁茂的海域。按理说海洋中植物繁茂可增加海水中的氧气含量本是好事一桩，但它们的死亡却给海洋造成了可怕的灾难。腐烂的浮游植物"尸体"会释放出大量有毒的气体，导致大批鱼类和海洋甲壳类生物都成了"陪葬品"。

正当人类对此难题束手无策的时候，却发现近年来情况有所好转，有毒气体的散发在一定程度上呈现了缓解趋势。科学家经过一系列的调查研究发现，拯救海洋生物于水火之中的大英雄竟然是沙丁鱼。原来，沙丁鱼在饥饿的时候吃掉了许多浮游植物，从而减少了有毒气体的产生。

试想一下，如果没有沙丁鱼，也许不少海域已经沦为了海洋生物的死亡地带，再没有生机可言。而这将直接影响到整个海洋生态系统，最终人类也必受其害。

加工制作

沙丁鱼是人类餐桌上比较常见的一种食材，不仅肉质鲜嫩，而且脂肪含量较高，在世界各地均有销售。除了最为普遍的冷冻出售之外，沙丁鱼还可以制成罐头、鱼丸、鱼卷、鱼肉香肠等多种加工食品，而且其体内丰富的油脂能够用于提炼鱼油，鱼肉也可碾成粉末作为饵料。

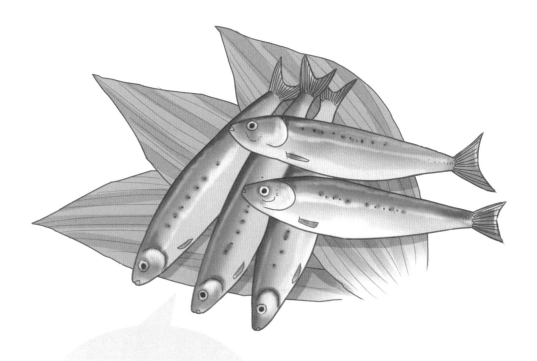

沙丁鱼是海洋市场常见的一道美食，通常以冷冻的方式出售

沙丁鱼可以制成罐头、鱼丸、鱼卷、鱼肉香肠等多种加工食品

039 **海绵**

海绵是海洋中一种非常奇特的动物，它们既不能像大多数动物那样快速移动，也不具备捕食的能力。这样一说，大家或许会觉得海绵就是一群"瘫痪"的废物，其实不然，它们是海洋中不可多得的清洁工，通过自身的滤食行为，降解海水中的污染物质，起到了净化海水的作用。

清洁海洋

数百年前，人类一直被海绵像花儿般的外表所蒙蔽，认为它是生活在海洋中的一种植物。直到18世纪60年代，科学家们借助显微镜进行细致研究并结合生理学和胚胎学才将其确定为动物。

众多的动物中，海绵算是特例，它们的活动能力相当差，甚至到了人类肉眼都察觉不到的地步，只有使用精密的仪器才能发现。它们进食的方式也颇为有趣，不是主动寻找食物，而是依赖海水将食物送上门来，通过滤食海水中的营养物质补充所需的能量。

在滤食的过程中，海绵不仅填饱了自己的肚子，也降解了海水中的污染物，对保护海洋环境意义重大。有人甚至大胆地提出以养殖海绵净化海水，改善日益恶化的海洋水质。

干净舒适

人类最初采集海绵大多用于擦洗身体、清洗碗筷等，后来用途越来越广泛，被制成钢盔的内衬或坐垫，也可作为药材治疗疾病。人工养殖海绵十分简易，只需将海绵切成块状，用绳绑在架上，投入海中即可，无须过多打理，两三年后就可收获成片的海绵了。

如今社会上使用的海绵大部分是仿照海洋中的海绵而研发生产的一种多孔材料，有着良好的吸水性和柔韧性，被广泛地运用于各个领域。几乎每一个爱美的女生都会拥有一片弹性透气的海绵粉饼。

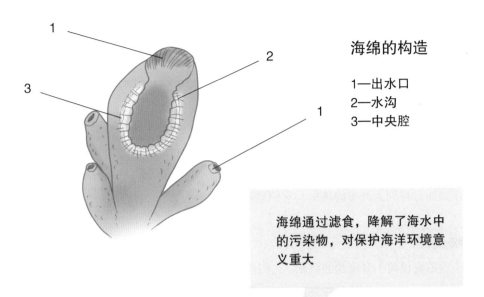

海绵的构造

1—出水口
2—水沟
3—中央腔

海绵通过滤食，降解了海水中的污染物，对保护海洋环境意义重大

040 　蚯蚓

曾经有这样一个笑话：一条蚯蚓独自在家特别无聊，于是把自己切成两截打乒乓球，之后玩腻了又将自己切成四截打麻将。听上去有点荒唐，但蚯蚓的生命力确实相当顽强，截断后包含脑神经结的一端只要条件合适就可以继续存活下去。然而这并不是蚯蚓被列入此书的理由，它们最重要的作用是肥沃土地。

松土机器

丰收的喜悦离不开辛勤的耕耘，人们往往会因此感激为农业生产挥汗如雨的牛，但却忽略了一个比牛更值得赞扬的功臣，那便是蚯蚓。

单就耕耘土地而言，蚯蚓算得上是牛的"祖师爷"了。早在犁这种耕田工具尚未发明之前，蚯蚓就已经从事耕地这一职业了，并且在自己的工作领域上颇有建树。

蚯蚓善于钻地，在土壤中取食动植物的碎屑，它们通过在地下的不断运动，使当地的土壤更加疏松，有利于吸收外界的水分和肥料，极大地改善了土壤质量，对农作物的丰收起到了推波助澜的作用。

保卫环境

蚯蚓的体内可以分泌出一种能够分解木纤维的酶，利用该物质分解众多的腐烂有机物和生活垃圾，净化土壤，为植物提供更好的生长环境。

与此同时，蚯蚓排出的粪便更是提升土地质量的重要元素，其中含有大量的氮、磷、钾等促进植物生长的重要养分，而且无毒、无臭、无污染，是不可多得的土地肥料。

自身价值

蚯蚓体内富含蛋白质和脂肪，营养价值高，可作为优质的蛋白质饲料或食品。

综合以上几点，不难看出蚯蚓是动物界中的一支"潜力股"，所以世界上许多国家都在大力支持蚯蚓的利用和养殖事业，中国甚至还开发了相关的蚯蚓产品。

蚯蚓的身体构造

1—口 2—脑 3—咽 4—咽下神经节 5—心脏 6—食道 7—腹神经（带神经节）
8—嗉囊 9—砂囊 10—后肾管 11—生殖带 12—刚毛 13—神经索 14—腹
血管 15—小肾管 16—消化管 17—背血管 18—纵肌 19—环肌 20—上皮
21—角质膜 22—次生体腔 23—隔膜（体节间） 24—肛门

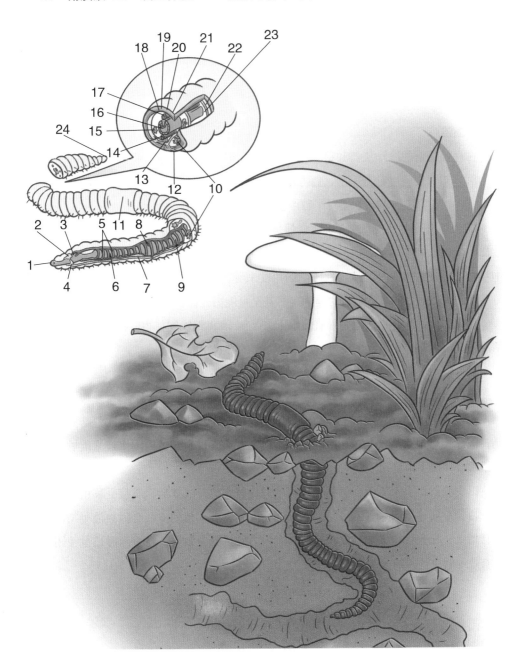

水蛭

水蛭（zhì）俗称"蚂蟥"，是一个个彻彻底底的"软骨头"，更准确地说应该是没有骨头的环节动物。它们同蚊子、跳蚤、虱子一样会吸食人血，但却并不惹人讨厌，反而长期以来被医疗机构奉为贵宾，许多病患者为了治愈疾病更是心甘情愿送上门让其吸血饱餐一顿。

放血治疗

在现代精密的医疗仪器和科学化的医学理论尚未出现之前，世界各地都是凭借自身的医学知识对病患进行医治，西方医疗也是如此。不过，在现代看来，有的做法却显得有些"不靠谱"，比如盛行了数个世纪的放血疗法。

以前的西医认为人类的许多病症都是因为体内血液过多，淤积成疾，应该适当地放出多余的血液。而水蛭因其吸血的习性成了医院的座上宾，它们咬开患者的皮肤吃饱喝足之后便松口离开。从现代医学的角度来看，这样的做法明显是不可取的，对于一些已经失血过多的患者而言更是凶险，甚至可能因此而丧命。

尽管如此，放血疗法还是一直传承下去，至19世纪晚期使得欧洲的水蛭逐渐成为稀缺的"宝贝"，竟需要采用进口或人工养殖的方式获取。

特殊用处

现代科学的医疗的出现，让放血疗法彻底退出了历史的舞台，但水蛭却并没有从此在医疗领域销声匿迹。在20世纪80年代，人类发现水蛭体内的水蛭素能够帮助整容手术或移植手术更加顺利地进行。

以皮肤移植手术为例，想要让被移植的皮肤在离开人体后，与接受移植的区域的静脉血管重新连接起来并不容易。在某些情况下，被移植的皮肤会因血液凝结而造成血管堵塞，导致移植失败。而水蛭素具有强力的抗凝血效果，在手术时适量使用便可以有效地解决这一问题。

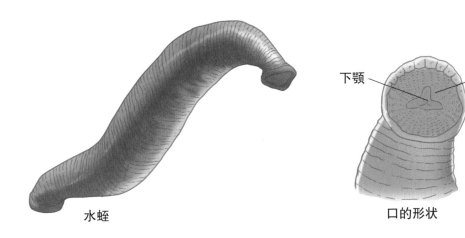

水蛭

下颚　口

口的形状

水蛭的身体构造

1—口　2—口腔　3—围咽神经　4—脑　5—周围神经　6—咽　7—腹神经索
8—心脏　9—受精囊　10—胃　11—精巢　12—储精囊　13—卵巢　14—输精
管　15—输卵管　16—肠　17—肾管　18—背血管　19—肠腔

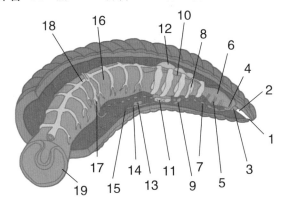

水蛭的运动

042 鳄鱼

虽名为鳄鱼，但它们却跟鱼类扯不上一点关系，是一种地地道道的爬行动物。若按在地球上生存时间的长短来论资排辈的话，鳄鱼算得上是"老祖宗"级别的了。它们曾与恐龙一同生活，在生物进化史上地位显赫，不仅具备生态价值，还兼具科学价值与经济价值，许多国家视之为宝。

珍贵皮革

常言道："人中吕布，马中赤兔"，鳄鱼皮在皮革界的声望也是如此，而且价值不菲，仅一条宽度3厘米左右的表带就能卖到几千元人民币。

鳄鱼皮之所以能够在市场上保有如此昂贵的价格，其一是因为鳄鱼本身的数量稀少，繁殖成本颇高且生长速度慢，原材料供给不足已成常态；其二是鳄鱼皮的可利用面积有限，只有腹部中间平整且纹路精美的部分可以使用，一张完整的鳄鱼皮切割后用于制作一个普通的晚宴小包都还远远不够；其三则是鳄鱼皮的制作难度非常大，普通制作皮具的工人根本无法胜任这项工作。

某些国际知名品牌，对原材料的挑剔程度简直可以用苛刻来形容，说其万里挑一也不算过分。因此，有时为了能够拥有一款品质上乘且做工精美的鳄鱼皮制品需要耐心等待一两年甚至更长的时间。

医疗研究

艾滋病是一种很难治愈的血液疾病，虽然现代医学已经相当发达，但要根治这种疾病仍然十分困难，主要还是以预防为主。

不过，最近的医疗研究却给艾滋病患者燃起了一丝希望的曙光。科学家们正试图在鳄鱼身上找到突破口，实验表明鳄鱼血清能够比人类血清更加有效地杀死艾滋病毒。如果可以顺利破解鳄鱼血清中的秘密，那么攻克艾滋病便指日可待。

鳄鱼的身体构造

1—嗅 2—大脑 3—脑垂体 4—中脑 5—小脑 6—延脑 7—颈动脉 8—肺
9—胃 10—主动脉 11—脾 12—肠 13—生殖腺 14—肾 15—静脉 16—
食道 17—颈静脉 18—气管 19—主动脉弧 20—肺动脉 21—肺静脉
22—右心室 23—左心室 24—肝 25—肝门静脉 26—结肠 27—泄殖腔

043 # 眼镜蛇

一朝被蛇咬，十年怕井绳。人类对蛇大多都抱有一种恐惧的心理，尤其是毒蛇，而眼镜蛇就是其中之一。多数眼镜蛇的体型较大，毒性非常强，人类若是被其咬伤之后不能得到有效救治，则可能在数小时至 12 小时之内因中毒无法自主呼吸而死亡。但有些人却不害怕，甚至以逗蛇为乐。

伤人性命

眼镜蛇虽然体内含有剧毒，但它们并不会仗着这一点草菅人命，对人类它们始终敬畏三分。一般来说，只要人类不主动侵犯眼镜蛇，它们也不会没事挑事咬上一口，但不排除人类无意间得罪了它们而导致受伤的可能性。

人类或动物被眼睛蛇咬伤之后，神经系统和循环系统均会受到不同程度的损害，导致行为异常严重时甚至休克，但最致命的因素是中毒后呼吸肌麻痹不能自主呼吸而造成的窒息。有的种类还能够喷射毒液，一旦触及眼睛则有可能出现短暂性失明，但对完好的皮肤不会造成伤害。

全球每年大约有 10 万人因毒蛇咬伤而不治身亡，其中自然少不了眼镜蛇的"功劳"，而炎热的非洲则是这类事件最频发的地区。不过，只要及时注射了抗蛇毒血清，就不会出现太大的问题。

吹笛舞蛇

在舞蛇人的笛声中眼镜蛇从竹篮里面钻出来翩翩起舞，这种场景在许多好莱坞的大片中都能看见。简直有些不敢相信，眼镜蛇竟然是个通晓音律的"才子"。但事实上眼镜蛇并不是因为受到笛声的吸引而舞蹈，而是通过受到舞蛇人跺脚的振动和笛子晃动的影响而起舞的。

在印度，舞蛇已经发展成为了一项世袭的职业，以在街头舞蛇卖艺为营生。不少从业者自童年起就与蛇朝夕相处，控制眼镜蛇十分得心应手，几乎很少被蛇咬伤。

毒蛇与无毒蛇的牙齿排列有明显区别，可观察伤口进行区分

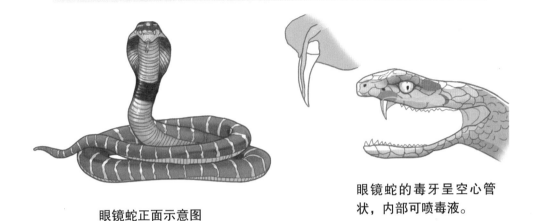

眼镜蛇正面示意图

眼镜蛇的毒牙呈空心管状，内部可喷毒液。

无毒蛇与毒蛇牙痕的区别

无毒蛇牙痕

完整的毒蛇牙痕

爬行动物的家族

　　爬行动物，常常也被称为爬行类、爬虫类，是一种脊椎动物，属于四足总纲的羊膜动物，是对蜥形纲及合弓纲除鸟类及哺乳类以外所有物种的通称。

　　在生命进化的过程中，爬行动物占有极其重要的地位。由于它的胚胎可以在产于陆地上的羊膜卵中发育，使其繁殖和发育摆脱了对外界水环境的依赖，是真正的陆生脊椎动物，人们常见的蛇、蜥蜴、龟、鳄鱼及已绝灭的恐龙与似哺乳爬行动物等均属爬行动物。

　　它们是地球上最早摆脱对水的依赖并征服陆地的脊椎动物，也是统治陆地时间最长的动物。由爬行动物所主宰的中生代是整个地球生物史上最引人注目的时代，这一时期，爬行动物不仅是陆地上的绝对统治者，还统治着海洋和天空，地球上没有任何一类其他生物有过如此辉煌的历史。

　　最早期的爬行动物，出现于石炭纪晚期，3亿2000万~3亿1000万年前。林蜥是已知最古老的爬行动物，身长20~30厘米，化石发现于加拿大的新斯科细亚省。

　　从大约2亿5000万年的中生代开始，爬行动物进入鼎盛时期，尤以恐龙为代表，因此中生代有时也被称为"恐龙时代"或"爬行动物时代"。中生代末期，发生了生物史上著名的"白垩纪灭绝事件"，导致了地球上大约50%的生物灭绝，包括恐龙在内的大多数爬行动物也在这一时期绝迹，只剩下了少数幸存者。

　　即便这样，就种类来说，爬行动物仍然非常繁盛，其种类数量仅次于鸟类。根据大致统计，爬行动物的种类大约有8000种，并且不断有新的种类被发现。现存的爬行动物中，体型最大的是咸水鳄，可达7米以上，最小的是侏儒壁虎，只有1.6厘米长。

明仔科普时间

　　壁虎受到外力牵引或遭遇敌害的时候，尾部的肌肉强烈的收缩，从而使尾巴断落。刚断落的尾巴由于神经没有立刻死亡而不停动弹，可以分散敌害的注意力，此时壁虎便可趁机脱身。

爬行动物是脊椎动物中非常繁盛的一族，其种类数量仅次于鸟类